ちくま新書

ヒトの進化　七〇〇万年史

河合信和
Kawai Nobukazu

879

ヒトの進化 七〇〇万年史【目次】

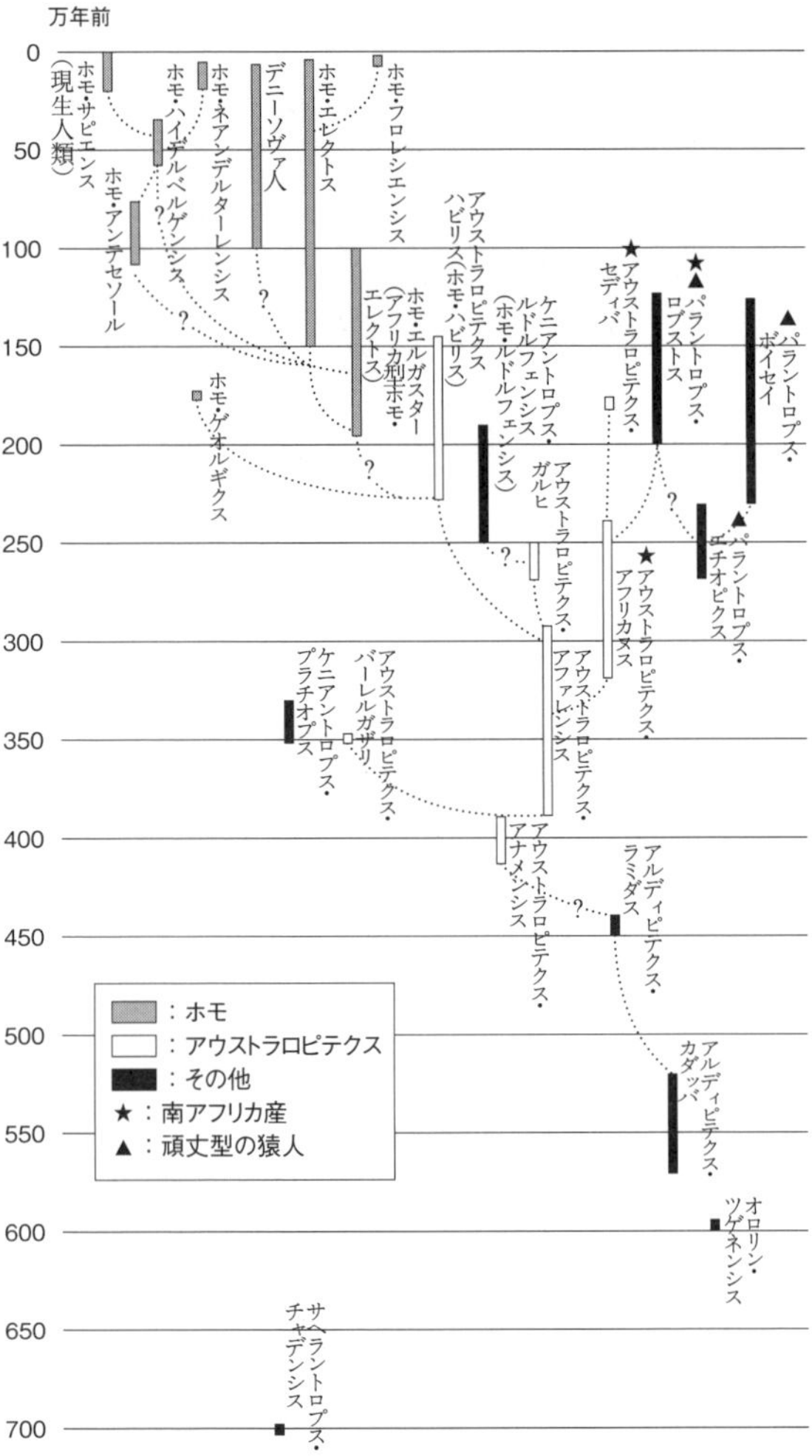

万年前
0
50
100
150
200
250
300
350
400
450
500
550
600
650
700
ホモ・サピエンス（現生人類）
ホモ・アンテセソール
ホモ・ハイデルベルゲンシス
ホモ・ネアンデルターレンシス
デニーソヴァ人
ホモ・エレクトス
ホモ・フロレシエンシス
ホモ・エルガスター（アフリカ型ホモ・エレクトス）
ホモ・ゲオルギクス
アウストラロピテクス・ハビリス（ホモ・ハビリス）
ケニアントロプス・ルドルフェンシス（ホモ・ルドルフェンシス）
アウストラロピテクス・ガルヒ
アウストラロピテクス・セディバ
パラントロプス・ロブストス
パラントロプス・ボイセイ
パラントロプス・エチオピクス
アウストラロピテクス・アフリカヌス
アウストラロピテクス・アファレンシス
アウストラロピテクス・バーレルガザリ
ケニアントロプス・プラチオプス
アウストラロピテクス・アナメンシス
アルディピテクス・ラミダス
アルディピテクス・カダッバ
オロリン・ツゲネンシス
サヘラントロプス・チャデンシス
：ホモ
：アウストラロピテクス
：その他
★：南アフリカ産
▲：頑丈型の猿人

人類系統樹（*From Lucy to Language*, 2006 をもとに加筆修正）

はじめに

現在、世界の人口は六八億人にも達している。

これだけを見ても、人間とは極めて珍しい哺乳類だ。この地球上に、人類以外に知性を備えた動物がいたとすれば、きっとそう考えるだろう。

六八億もの個体数があるのに、たった一種しかいない。肌や瞳、髪の毛の色が異なっても、みんなただ一種の動物なのだ。かなり異なっているように見えても、我々のゲノムの多様性は乏しく、チンパンジーの隣り合った森の群れ同士の違いの方がはるかに大きい。肌の色などの見た目の違いは、たかだかこの数万年のうちに出来上がったものだ。

ちなみに大型動物で、種内にこれだけ多い個体数を持つ動物は、他にいない。

†人類進化の大きな三つの画期

人間とは、どんな動物なのか。

生物学では人間を「ヒト」と呼ぶので、以後、この表現を用いるが、二名法分類学を体系づけたカール・フォン・リンネは、ヒトを「ホモ・サピエンス」と名づけた。後ろが種の名前（種小名）、前がその種が含まれる分類群の名前（属）である。いずれもラテン語で、サピエンス（知恵のある）種、ホモ（ヒト）属という意味だ（なお本書ではホモ属を「ホモ」とも略記する）。リンネは、生物の種の名を決め、それらを近い物同士でまとめていこうと考えた最初の分類学者だったが、ヒトもそのようにまとめられることを示したのだ。

ただ、七〇〇万年の人類史で見ると、現代のようにホモ属が一種しかいないのは例外的な時代と言える。しかもサピエンスというホモ属の種は、ほんの二〇万年前、アフリカのわずか数百〜数千人から拡大したものだという見方が有力だ。

一方でそのサピエンス、つまり現生人類が現れた時、アジアとヨーロッパの各地にはまだいくつかの人類が生存していた。彼らは、なぜ滅びたのだろうか。

人類七〇〇万年の歴史を概観してみると、三つの大きな画期があった。

①サヘラントロプスなどの初期ヒト族の誕生（七〇〇万年前）
②初期型ホモ属（アフリカ型ホモ・エレクトスなど）の分岐（二五〇万年前）
③ホモ・サピエンスの出現（二〇万年前）

最古のサヘラントロプスが登場したのが七〇〇万年前で、サヘラントロプス以降の全人類種を総称して学名では「ホミニン」（「ヒト族」と訳される）と呼ぶ。

ホミニン（ヒト族）

- サヘラントロプス属
- オロリン属
- アルディピテクス属
- ケニアントロプス属
- アウストラロピテクス属
- パラントロプス属
- ホモ属
  - ホモ・ハビリス（アウストラロピテクス属とする説あり）
  - ホモ・ルドルフェンシス（ケニアントロプス属とする説あり）
  - ホモ・エレクトス
  - ホモ・ハイデルベルゲンシス
  - ホモ・ネアンデルターレンシス
  - ホモ・フロレシエンシス
  - ホモ・サピエンス（現生人類）

ホミニンとは何だろうか。脳が大きい、道具を作るなどという現生人類の特徴は、七〇〇万年という人類史のタイムスケールでは、つい最近になって現れたものにすぎない。ただ、直立二足歩行だけが、例外である。そしてこれこそが人類、すなわちホミニンを定義づける特徴なのだ。直立したり、二本脚で歩いたりする動物は他にもいるが、「直立二足歩行」は人間しかできない。七〇〇万年前のサヘラントロプスも、不完全とはいえ直立二足歩行ができたのだ。

サヘラントロプス属、オロリン属、アルディピテクス属などの初期ヒト族に続いて、アウストラロピテクス属が現れた。そしてそこから、二五〇万年前にホモ属が分岐した。多様なホモ属の中から、ホモ・サピエンスがアフリカに出現し、彼らが全世界に広がっていった。

筆者はたまに講演などで、これまで現れては消えた人類全体を三〇〇片ほどのジグソーパズルに喩えるのだが、まだ我々はそのうち三〇片ほどのピースしか手に入れていないのではないかと思う。そのわずかなピースで人類進化図を組み立てているのが、ネアンデルタール人の発見（一八五六年）、チャールズ・ダーウィンの『種の起源』（一八五九年）の出版から一世紀半以上経った現状なのである。

発見された化石を基に理論と進化様式を組み立てていく進化人類学では避けられない宿命だが、今後、さらに予測だにできない発見がなされて、ホミニンの進化の図式を書き換えていく可能性がある。それほどホミニンは、多様だったのかもしれない。

ある日、旧大陸のどこかで突然、想像だにしなかったホミニン化石が、パズルの重要なピースとして発見される。すると人類進化の図式はがらりと書き換えられる。二〇〇三年に見つかったホモ・フロレシエンシスはその一例である。この発見とその後の研究で、ホモ属の進化の説明に大きな書き換えが必要となったのだ。

さらに二〇一〇年に、極寒のシベリア、アルタイ山脈中のデニーソヴァ洞窟で四・八万〜三万年前の新種らしい人類の骨が発見されたと報じられた。新種デニーソヴァ人の骨は小指の断片だったが、ここからDNAが抽出され、これまで抽出されたネアンデルタール人とも現生人類とも異なることが確認されたのだ。ちなみにこれは、化石によってではなく、初めて遺伝子で新種が特定された例となった。フローレス島のホモ・フロレシエンシスと同様に、北辺の地に未知の人類が未発見のままに眠っていたのだ。しかも、約一〇〇万年前というはるかな昔に我々の祖先と別れた人類が、である。熱帯起源のヒトがどうしてこんな極寒の地にいたのかという謎とともに、人類の多様性をあらためて認識させられる報だった。ホモ・サピエンスのただ一種しかいないという現代こそ、人類史ではアブノーマルな時代なのである。

また二〇一〇年四月には、〇八年に南アフリカ、マラパの洞窟で保存良好な状態で発掘された新種アウストラロピテクス・セディバも報告された。一八〇万年前頃のものと思われる母子とも想像できるオス、メス二体のセディバ猿人は、歯や骨盤などがホモ属に似ているとされる。この発見は、ホモ属の起源にも再考を余儀なくさせる可能性もはらむ。

デニーソヴァ人を新種と認めれば、これでおおかたの古人類学者が認めるホミニンは、二五種に達したことになる。

†「猿人→原人→旧人→新人」は古い枠組み

本書の多くの読者にもおなじみかもしれないが、かつて「猿人→原人→旧人→新人」という単純な梯子状の進化図式がもてはやされていた。これは、人類化石がわずかしか見つかっていなかった時代、前述のジグソーパズルで言えば数片のピースしかなかった頃に組み立てられた枠組みである。

この図式は、今では全く成立しない。猿人のいた時代に原人に当たるホモ・エレクトスが早くも現れていたし、旧人の代表とされたネアンデルタール人（ホモ・ネアンデルターレンシス）の時代にアジアにはなおホモ・エレクトスが生き残っていて、さらにアフリカではネアンデルタール人よりも早くに早期ホモ・サピエンスが活動しており、つい一万数千年前までインドネシアのフローレス島で猿人の類型かもしれない種が生残していたことが、現在では明白となっているからだ。したがって本書では、「猿人」以外の語は、基本的に用いないし、そうした進化図式にも言及しない。

さらに、誰もが名を知っている中国の古典的化石である北京原人（学名はホモ・エレクトス）は、現代の中国人に、ましてや日本人に一滴の血も残してはいないことも分かっている。現在の古人類学では、北京原人は子孫を残さなかった絶滅人類であるとする見方でほぼ決着している。前記の梯子状進化図式の発展型で、つい二十数年前まで幅をきかせていた「多地域進化説」の主張では、北京原人が現代東アジア人の祖先とされていたが、これは今では世界でもわずか数人の高齢の研究者しか信じていない。多地域進化説では、インドネシアのジャワ原人はオーストラリア・アボリジニの祖先とされ、その他も含めて旧世界各地の古代型人類は互いに遺伝的交流をしながら現生人類に移行したとされていた。

しかし北京原人のいた時代に、アフリカやヨーロッパではずっと多彩な人類が活躍し、その系統の歴史は、はるかな過去にまでたどれることも今では明らかとなっている。だから北京原人は科学史上で不朽の座位を占めるものの、現代の人類進化学的観点からは傍系にすぎない位置に退いている。したがって、一九世紀末にウジェーヌ・デュボワの英雄的努力で発見されたジャワ原人とともに、本書ではほとんど触れない。

複数の人類種が、時には同時同所的に共存し、何らかの文化的交流を行い、時には空間的棲み分けを行いつつ独自の生き方をしていたが、最終的に彼らはすべて絶滅した――このような、最近の研究で考えられているかつての人類の姿を伝えることの方が、最新の書物にとってはむしろふさわしいだろう。

ホミニンとは何なのか、いかにしてこれほどの知性を備え、繁栄を誇るにいたったのかを、これから展望していきたい。

†チンパンジーは我々の祖先ではない

ところで人間に最も近い動物は、チンパンジーである。今から七〇〇万年以上前、私たちの祖先は、彼らの祖先とまだ別れていない同じ仲間だった。理由は不明ながら、その共通祖先から、人間の祖先が別の道を歩み始めた。覚束ない直立二足歩行で。

つまり現生のチンパンジーは、遠い昔に私たちの祖先から別れ、別の進化史をたどった子孫である。彼らの進化史は、ゴリラのそれと同様にまだほとんど分かっていないが、間違えないでいただきたいのは、私たちの祖先のホミニンはチンパンジーから進化したのではないということだ。そのことは、第一章でまず述べる四四〇万年前の初期人類の骨から分かった。その人類は、脳のサイズこそ現生チンパンジーとほぼ同じ程度だったが、歯の形も四肢の構造もかなり違っていた。もちろん現代人とも大きく違う。そして歩き方もチンパンジーとはかなり違っていた。

四四〇万年前の時点でも、私たちの祖先はチンパンジーの祖先と異なっていたのだ。そのエチオピアの初期人類から、話を始めたい。

第一章　ラミダスと最古の三種（七〇〇万～四四〇万年前）

【本章の視点】

前世紀末まで人類の起源は五〇〇万年前と考えられていたが、現在では最古の人類は七〇〇万年前のサヘラントロプス・チャデンシス（中央アフリカのチャド出土）まで遡れることが分かっている。それに続くのが、東アフリカで見つかった約六〇〇万年前のオロリン・ツゲネンシスと、それより若干若いアルディピテクス・カダッバだ。一九九〇年代末までは類人猿との遺伝距離をもとに、人類の起源は五〇〇万年前にあると推定されていたが、それよりさらに二〇〇万年ほど遡ることになった。ただこれらの三種は、どれも頭蓋《とうがい》だけや体の骨の破片だけしか見つかっておらず、人類の特徴である直立二足歩行をしていたらしいとは推定できても、全体像ははっきりしていなかった。

そこへ、二〇〇九年秋、四四〇万年前のアルディピテクス・ラミダスの全身骨格についての多角的研究成果が、発見から一五年を経てついに発表され、謎に包まれていた初期人類の姿が明確に浮かび上がった。この全身骨格「アルディ」により、初期人類は当初からチンパンジーと異なって直立二足歩行をしていたことなどが分かった。

本章では古い三種の人類に先駆け、まずラミダスについて述べてから、この一〇年で、より古い三種の初期人類がどのように発見され、既存の説を書き換えてきたのかを解説したい。

†ついに全貌を現したアルディ

待ちに待った、とはこういうことを言うのかもしれない。

二〇〇九年一〇月二日、権威あるアメリカの科学誌『サイエンス』は、実に全体の半分のページを割き、一〇〇頁近い大特集を組んだ。猿人アルディピテクス・ラミダス（以下、ラミダスと略す）メス骨格の全貌の発表である。発見された九四年以来、実に一五年後にやっとその姿を現した。それまで「凄い骨」という噂だけで、謎に包まれていた骨格の発表は、掲載誌『サイエンス』が〇九年末にこの年の科学的成果のトップに挙げた。

「アルディ」という愛称をつけられたこのメスの骨格は、エチオピアのミドル・アワシュ、アラミスで発見され、今から四四〇万年前に生き、死因は不明だが、まだ若いうちに亡くなったらしいことがわかっている。歯がほとんどすり減っていないことから、そう推定できる。

最初の人類化石は、七〇〇万年前のものがアフリカのチャドで見つかったが、体の断片骨を除くと下顎のない頭蓋だけだ。それから約二六〇万年後に、森の中で死んだアルディは、一部を欠いてはいるが全身骨格が見つかった点で画期的である。これにより、アルディの属した初期人類像が具体的に理解できるようになった。

長い間、正式発表がなされず、「謎の骨」とされていたのは、保存状態がひどく悪く、土から取り上げようとすると、まるで乾いた土くれのようにポロポロと崩れてしまうからであった。やむなく調査チームは、凝固剤を注入し、骨をくるむ土のブロックごとエチオピア国立博物館の研究室に運んでいかねばならなかった。

✝全身骨格から見えてきたアルディの姿と生態

アルディの骨格の長年に及ぶクリーニング作業と骨片の継ぎ合わせ、その後の分析で、現生チンパンジーと我々の共通祖先から、初期人類が分岐（「人類化」と呼ぶ）した直後の形態と環境が、ある程度はっきりしてきた。

回収された骨片は、全部で一二五点で、下顎を含む頭蓋と歯の大部分のほか、手、腕、足、脚（以上をひっくるめて四肢骨と呼ぶ）、腰、脊椎の一部もあった（断片的だが、他に少なくとも三五個体分が同じ地層から見つかっている）。それによってアルディと、彼女の仲間のラミダスの姿がほぼ復元できた。それは、まさに奇跡的である。死後に遺体がハイエナなど肉食獣にたかられ骨まで食われることなく、土に埋まったのだから。

希有なことだが、ほぼ正確に復元できたこの骨盤は、約一二〇万年後のアファール猿人の「ルーシー」という愛称のメスの骨盤よりも、上下に長かった。これは、ルーシーよりもさらに歩行の足取りが覚束なかった証明であり、その意味でアルディは原始的だった。しかしチンパンジーと異なり、直立二足歩行をしていたことを明らかに示す骨盤でもあった。

ただアルディは、二足歩行こそしていたものの、指が長い把握力のある足を持っていたことから、樹上生活をもっぱらとしていたらしい。我々と違って足の親指は他の四本と並行ではなく、対向気味であり、足で木の枝をつかむことができたから、木登りはお手のものだった。足には土踏まずもなかった。小さな種子骨を含めて手の指もほぼ完全に見つかった。親指が短く、他の四本の指がいやに長いという華奢な手からは、現生のチンパンジーのような、手の指の背を地面につけて歩くナックル・ウォーキング（指背歩行）はしていなかったと考えられる。

類人猿に似ているようでも、ラミダスはやはり人類の方向にはっきりと踏み出していたことが、こうして明確になった。それは、アルディより二年前の九二年に見つけられた犬歯からもすでに判断されていた。犬歯の形態には、人類化する兆しが認められたからだ。アルディは、その全身の姿を骨格という形で具体的に見せてくれた。

ラミダスの生息場がもっぱら森だったことは、一緒に見つかった脊椎動物化石や昆虫の残骸、木の実などから裏づけられた。動物は、サルや森林性の羚羊類が目立ち、昆虫類も森林に見られるもので、木の実は、樹木の茂る森に実るものだった。

今日のアラミスは荒涼とした砂漠の景観が広がるが、当時は熱帯雨林がすぐそばにあり、またちょっと行けば草地もあるパッチ状の森の広がる景観だったらしい。ラミダスたちは、こうした環境で直立二足歩行の試行錯誤を続けていたのかもしれない。

†脳は小さく、雑食性の木登り上手

ではアルディと仲間たちは、何を食べていたのだろうか。歯を覆う硬いエナメル質の厚かったことが、手がかりになる。比較的柔らかい果実食をとるチンパンジーは、エナメル質が薄いから、ラミダスはチンパンジーと異なり、果実に加えて硬い葉や小動物も食べる雑食性だったと推定される。以前に見つかった歯からも、ラミダスはチンパンジーなど類人猿と異なる特徴を持つことは確認済みだったが、さらに今回は、ラミダスの歯の炭素と酸素の同位体分析といった技術も駆使され、食物についての補強証拠を加えた。

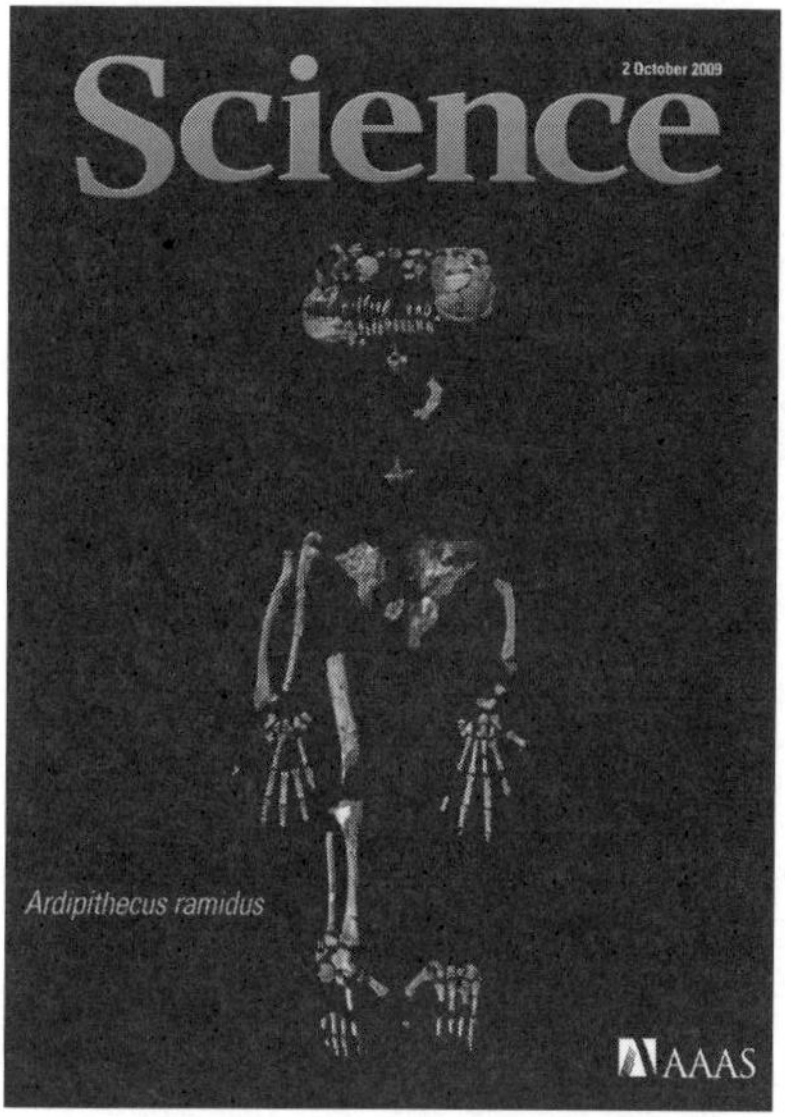

ラミダスの全身骨格（『サイエンス』2009年10月2日号）

アルディの腕は、現生の類人猿よ

りも長い。それは、彼らの生活環境を推定させるデータになる。上肢（腕）の長さを下肢（脚）の長さで割って一〇〇をかけた値は、チンパンジーでは一〇六前後、ゴリラは一一三前後だ。それに対し、森から離れて完璧な直立二足歩行をする我々現生人類は七〇くらいになる。我々は、立って歩くために腕と比べて脚の方がずっと長くなっているのだ。反対に腕渡りという独特の移動様式を持つテナガザルは、極端に上肢が長く、一三〇にも達する。

では、アルディはどうなのか。値は九〇ほどで、現生人類ほどではないが、類人猿とも異なる。つまりアルディは、木登り上手の森林居住者ではあっても、現生類人猿ほど森林に棲むのに都合よく特殊化を遂げてはいないのだ。

ラミダスは、化石類人猿では唯一、完全に近い骨格の見つかっているプロコンスルと共通する側面を持つので、共通祖先の面影を強く残している種だと言える。一九九二年一二月一七日にラミダスの上顎第三大臼歯を世界で初めて発見してアルディ探索の先鞭をつけ、アルディの研究にも主要プレーヤーとして加わった諏訪元《げん》氏（東京大学教授）は、そう指摘している。

それでも年代の古さを物語るように、脳の大きさは三〇〇～三五〇ccと、チンパンジーとも、先行する七〇〇万年前のサヘラントロプスともさほど変わらない。粉々の骨の断片からの頭蓋のデジタル復元は、諏訪氏が世界でも最高性能のマイクロCTを駆使して完成したものだ。

こうしたアルディの特徴は、サヘラントロプスなど初期ホミニンの面影を反映したものと諏訪氏は見ている。

†初期人類は類人猿とは大きく異なっていた

アルディはなぜメスと言えるのだろうか。

脳の大きくなったホモ属なら、脳の大きい胎児を出産するのに適した形態になっているため腰の腸骨にメスの特徴が表れるが、脳の小さなアルディでは腸骨から判断できない。

アルディの頭蓋模型を持つ諏訪元氏

実は、骨格こそアルディ一体しか見つかっていないが、ラミダスは犬歯なら二〇個体分回収されている（それ以外の歯や断片的な骨を含めれば最大で一一〇個体分、最低でも三五個体分に達する）。それらの犬歯を大きさの順に並べると、アルディは実は最も小さい部類に入るのだ。類人猿では、メスを獲得するためにオスの犬歯が発達している。それを勘案すれば、いくら人類化していたとしても、犬歯の小さいアルディをオスとする選択肢はありえない。

もっとも犬歯の性差は、現生類人猿よりもやはり小さい。類人猿の基準から見れば、メスにしてはアルディの犬歯は十分に大きいのだ。性差の小ささは、上腕骨からもうかがえる。ラミダス上腕骨七個体のうちでは、アルディはむしろ大きい部類に入る。実際、復元されたアルディ像は、身長一・二メートルで、メスであるのに体重は推定五〇キログラムにも達するのである。

こうした事実の示すのは、ラミダスの社会構成が現代のチンパンジーやゴリラなどとは異なっていた可能性である。共同研究者であるケント州立大学のオーウェン・ラヴジョイは、ゴリラの一雄多雌でも、チンパンジーの多雄多雌の乱婚でもない、一雄一雌を想定している。ラミダスのどんなに大きなオスの犬歯であっても、現生類人猿のどの犬歯よりも小さいからだ。メスをめぐって争うオスが、犬歯を誇示する必要のなくなっていたことを物語る。ラミダスは、類人猿とは異なる新たな適応に入っていたのだ。

その適応とは、一雄一雌のもとでオスがメスと自分の子どものために食物を持ち帰るという行動の進化だったと、ラヴジョイは説く。これが、食物を持ち帰るのに都合の良い直立二足歩行を行う方向への淘汰圧になったはずだという。

アルディ骨格で明確になったのは、人類化初期のホミニンが、かつてモデルとされたチンパンジーやゴリラなどの類人猿と全く異なっていたという事実であった。チンパンジーの共通祖先から別れた後、ヒトの祖先は淘汰を経て直立二足歩行を洗練化し、やがて石器を作る文化を作り、脳を大型化するように進化していったが、チンパンジーもまた現在のように樹上適応を強め、地上ではナックル歩行をするように進化したのだ。現生類人猿の姿を初期のホミニンのモデルとするのは、誤りだったのである。

†極端に少ない全身骨格

ラミダスの生息していた年代は、今回の研究でさらに絞られた。アルディなどの化石が埋まっていた地層は、上下を鍵になる二枚の火山灰層に挟まれており、いずれもアルゴン－アルゴン法という放射年代測定法で四四〇万年前と測定されたからだ。チームのリーダーであるティム・ホワイト（カリフォルニア大学バークリー校教授）は、その地層は短ければたった一〇〇年、長くても一万年のうちに堆積したものだという。そんな短期間の地層なら、いつ豪雨で流出しても、またラミダスの骨も風化で朽ち果ててもおかしくはない。

実際、一〇万年前より古い人類の骨格化石は、極端に少ない。一九七四年に、やはりメスの、有名なアウストラロピテクス・アファレンシス（アファール猿人）骨格「ルーシー」が発見されたのだが、そもそもこれがネアンデルタール人とホモ・サピエンス以外で、古人類学者が手にできた最初のホミニン骨格だったのだ（四〇頁以降参照）。

三一八万年前という、ラミダスよりは年代が一二〇万年は新しいルーシーは、頭蓋の大部分を欠いてはいたが、それでも発見時は画期的な大発見と世界中が大騒ぎになり、出土地であるエチオピアでは最も有名な「女性」となった（田舎のちっぽけな飲み屋にまで、「ルーシー」の看板を出す店があったと、発見者のドナルド・ジョハンソンが著書で書いている。彼は、店のおかみさんに発見者は自分だと言って驚かせた）。

後に詳述するように、他の猿人の全身骨格例としてはアウストラロピテクス・アファレンシスの女児「セラム」、南アフリカのステルクフォンテイン洞窟群の角礫岩にまだ埋まっているアウストラロピテクス・アフリカヌス（と思われる）骨格「リトル・フット」ことStw573もあるが、この二つはつい最近発見された化石にすぎない。

セラムは、〇六年に発表された約三三〇万年前の三歳くらいの幼児で、洪水で一瞬に流されたために、軟骨質の多い幼児としては異例に古いホミニン骨格化石となった。またリトル・フットは、他の動物の骨と間違われて放置されていたものが偶然に見つけられ、それを手がかりに突きとめられたホミニン化石で、九七年に洞窟内に埋まっていた骨格にたどりついた。こちらの年代は不明だが、二二〇万～四〇〇〇万年前の幅がある。

そしてもう一つ重要なのが、第三章で述べる「トゥルカナ・ボーイ」である。こちらは、ホモ属で最古の骨格だ。

つまり、全身骨格の残っているのは、アルディ以外では四体にすぎない。ハイエナの徘徊するアフリカで、いかに骨格の保存されるケースがレアであるかが分かる。その五番目の、しかも最古の全身骨格の栄に、アルディは浴している。

肉食獣の死肉漁りから免れて、全身骨格がなぜ保存されていたのか。ステルクフォンテインの例を除くと、いずれも水の作用で速やかに土中に埋まったと考えられるものばかりだ。緩やかな水の流れであれば、運よく土砂に優しくくるまれ、ハイエナなどの肉食動物に食われずに骨格が残る機会が多くなる。肉食獣に食われずとも野ざらしだと、強烈な太陽に照らされて風化し、あるいは草食動物の群れに踏み荒らされ、最後は粉々になってしまう。

ゴリラ、チンパンジーの祖先は、骨片すら見つかっていない（〇五年、ケニアで五〇万年前のチンパンジー祖先の歯が見つかったのが唯一の例外だ）。その理由は肉食獣にすぐに「掃除」されてしまう他に、彼らが森に棲んでいるため、死ぬと樹林下に落ちて腐って骨も風化してしまったからと考えられている。

アルディの環境も類人猿の棲む環境と似ていたから、そう考えるとこれだけ骨格が揃って見つかったのは、奇跡以外の何ものでもなかったのだ。

古い人類の骨格発見は、国際的調査隊による発見の努力が傾けられるようになったこの三〇年余りに連発されている。広大な砂漠の中でも、探せば見つかるものなのだ。

とはいえ、人類化石はソファに座ってコンピューターに向かっていて見つかるものではない。化石ハンターたちは、石ころだらけの灼熱の砂漠で、肩を並べて横一列になり、早朝と夕方だけ地面をなめ回すようにして探す。初期人類は熱帯暮らしだったから、今も熱帯のアフリカで探すしかない。草木の生えたしのぎやすい場所では、地面が草や灌木で覆われているので、化石が転がっていても見えない。そこで草木の一本もない砂漠が絶好のフィールドとなる。

太陽が高く昇ると、たとえ化石が土から顔を覗かせていても、影が出来ないので見つからない。そのうえ熱中症になりかねないほど猛烈に暑い。だから日中は、化石ハンターも開店休業である。斜光線で影の出来やすい、しかも涼しい早朝がベストとなる。そうした苛酷な調査では、調査資材の他にその間の生活物資すべてを四輪駆動車に積んでフィールドに向かう。

アルディも諏訪氏が九二年に見つけた歯をきっかけとして発見されたのだが、その歯は、石ころと混じっていて、化石探しに熟練した諏訪氏の目でなければ見逃していたかもしれないほど小さく目立たないものだった。

†七〇〇万年前の人類の発見――チャドのサヘラントロプス

四四〇万年前のラミダスは、九〇年代末まで「最古の人類」の地位を占めていた。分子時計の証拠（三一頁参照）から、当時、チンパンジーと人類の共通祖先が別れたのは五〇〇万年前頃と考えられていたので、ラミダスは系統樹の根っこに近い化石だとされた。

しかしその後、ラミダス猿人には、実はまだ先行者がいたことが分かった。

現在、最古の人類とされるのが、〇一年七月から翌年二月にかけて中央アフリカに位置するチャドのジュラブ砂漠で発見されたサヘラントロプス・チャデンシス（「チャドのサヘル人類」の意）である。現地語で「生命の希望」という意味の「トゥーマイ」の愛称の頭蓋で代表されるサヘラントロプスは、埋まっていた地層の砂が宇宙線を浴びていたことを利用して導かれる年代測定法によって、七〇〇万年前のものと割り出された。

残念ながら骨格は見つかっていないが、顔面がかなり完全な頭蓋で、あまりにも大きく頑丈な眼窩上隆起（目の上に張り出した骨の隆起）から、一部にはメスのゴリラではないかという異論も出されたが、多くの人類学者は最古の人類とみなしている。

脳がチンパンジー程度の三五〇cc程度と小さく、またゴリラに似た広い眼窩を備えているなど、確かに類人猿的な特徴が目立つ。それでもなお人類へと向かう最初の一歩を記した存在と認められるのは、顔面の下部がフラットで、口元も類人猿ほど突き出ておらず、また上顎の犬歯が小さいことなど、原始的でない特徴が見られるからだ。一緒に出土した古生物化石から、サヘラントロプスの暮らした環境は、水辺がすぐ近くにある疎林と推定された。

トゥーマイが、〇二年七月にイギリスの科学誌『ネイチャー』に発表されると、世界中で大きな驚きが走った。「最古」を更新したという点でも特ダネだったのだが、もう一つ、それがチャドで見つかったという事実も関係者を仰天させるに十分だった。なぜなら、それまでいくつかの例外を除いて、古いホミニンは、すべて東アフリカと南アフリカで見つかっていたからだ。

†水辺の疎林に暮らしていた

アフリカ大陸を東西二つに切り裂くように、紅海からマラウィまで、ズボンのジッパーのような大地溝帯が南北に走っている。これが原始類人猿の人類化の場所を東に区切るバリアのようなものだった。東アフリカ産の人類化石は、すべてこの東方から見つかっていたからだ。前述のラミダスもそうだし、ルーシーもセラム（いずれもエチオピア）もトゥルカナ・ボーイ（ケニア）も然りだ。このため、フランスの著名な古人類学者のイヴ・コパンは、大地溝帯の東で進んだ人類化過程を「イースト・サイド・ストーリー」と呼んだ。

ところが意表を突いて最古のホミニンが、大地溝帯から二五〇〇キロも西に離れた、思ってもみない中央アフリカから出てきたのである。発見者でコパンの友人であるフランス人ミシェル・ブルネは、カメルーンから旧植民地のチャドにかけて長く化石探索に従事していたが、これは彼にとってまさに「掘り出し物」だった。

ただ、前兆はなかったわけではない。ブルネは九五年に同じチャドでアウストラロピテクス（猿人）の下顎骨を見つけていたからだ。年代は三五〇万年前頃と考えられたが、その時にはすでに述べた四四〇万年前のラミダス猿人が発見されていたので、チャドのアウストラロピテクスは、二足歩行という移動性を利用して西に進出した種という程度にしか考えられなかった（やはり驚かれたけれども）。

ところが、そこに一気に倍も古い七〇〇万年前のトゥーマイが出現した。

とはいえ、やはり東アフリカが人類化の主舞台だったという推定は揺るがない。チャド周辺では、これより古い祖先種となる類人猿化石はまだ見つかっていない。それに対して東アフリカには、数は少ないけれども九六〇万年前のサンブルピテクスや一〇五〇万〜一〇〇〇万年前のチョローラピテクスなどの類人猿化石があるからだ。

そして実は、サヘラントロプスよりもわずかに新しいが、東アフリカではラミダス猿人よりも古いホミニン化石が二種、すでに発見されていたのである。

†「ミレニアム・アンセスター」ことオロリンの発見

ヒト化石の発見とは、常に思いもかけぬ時にもたらされるものだ。ラミダスよりさらに古いホミニン化石が、ケニアのチューゲン・ヒルズから突然に見つかったのは、そんな時だ。

二一世紀を目前にした二〇〇〇年一二月四日、ケニア、ナイロビでの二人の研究者の記者会見で最古化石の発見劇の幕が上がった。地質学者のマーティン・ピクフォードとフランスの女性古人類学者のブリジット・セヌの二人は一カ月ほど前から、チューゲン・ヒルズに入り込んで古いホミニン化石を探していた。ここには、調査権を持つアンドリュー・ヒル(アメリカ)という別の研究者がいたのだが、それを無視してのかなり乱暴な調査であった。記者会見で彼らは、およそ六〇〇万年前のルケイノ層という地層からヒトの大腿骨、上腕骨、歯などを発見したとぶち上げた。この時、ホワイトらはラミダスよりもはるかに古い人類化石をすでに発見し、『ネイチャー』に分析結果を投稿中だったのだが、完全に出し抜かれた形となった。

その発見には、実は前段があった。もともとは地質学者だったピクフォードは、大学院生時代の一九七四年に、この地層で一本のヒトの大臼歯を見つけていた。年代もとてつもなく古いと推定されたが、当時はまだそんなに古い時代に人類がいるとは思われていなかった。またこの年は、後述するように古人類学者ドナルド・ジョハンソンが三一八万年前の猿人骨格「ルーシー」を見つけた年である。話題は、そちらに独占され、素性の怪しい一本の歯になど誰も見向きもしなかった。

古人類学界では決してお行儀がよいとは言えない二人だが、ネーミングの才は抜群だった。間もなく来る二一世紀を前に、化石を「ミレニアム・アンセスター（千年紀の祖先）」という愛称で記者団に紹介したのだ。化石は、翌年の二〇〇一年三月、『ネイチャー』でも『サイエンス』でもないフランスの無名に近い学術誌に新しい種名「オロリン・ツゲネンシス」と命名されて発表された。

†曖昧な直立二足歩行の証拠

オロリンの年代は、化石を包含するルケイノ層群中に挟まる火山灰層の年代測定により、アルディピテクス・ラミダスよりもはるかに古いものであることが確定した。すでにこの地層の上部は、以前から調査権を持っていたヒルらが八五年に、カリウム－アルゴン法という放射年代測定法で五六〇万年前前後と測定していた。それより下層から出た化石を六〇〇万年前と記者会見でぶち上げたピクフォードらの主張も、根拠のないことではなかった。

なお地層は、褶曲などの地質作用で逆転していたり、攪乱されていない限り、下に行くほど古くなると考えるのが自然だ。きちんと整理されて積まれた新聞は、下のものの方が古い日付になるのと同じ理屈である。

オロリン化石の発表後に、沢田順弘氏（島根大学教授）がオロリン化石の出た地層の火山灰試料をカリウム-アルゴン法で新しく測定してみたところ、大筋で矛盾のない値となった。他の研究者の同一原理による年代測定法の値とも一致した。それらによると、新しい化石でも五七〇〇万年前、古い例では六〇〇〇万年前までは遡るようだ。ミレニアム・アンセスターのネーミングも妥当であったことになる。

問題はオロリンが本当にヒトと呼べるのかどうか、である。

幸いにも、下顎骨片、指や腕の骨、遊離歯などが二〇点以上に達するオロリン標本には、直立二足歩行を判断するうえでの重要資料となる大腿骨が三点含まれ、うち一点は骨幹の腰に近い部分と頸部も残っていた。ただ残念なことに、下顎骨片と歯を除くと頭の骨が欠けていた。つまりオロリンには、脳の大きさを推定する手がかりがないのだ。

四肢骨分析を専門にするセヌの見るところ、オロリンは常習的に直立二足歩行をしていたという。とするなら、立派なヒトである。それでも指の形と上腕骨の形から見て、オロリンはなお樹上生活者でもあった。

セヌらが直立二足歩行の証拠として重視するのは、大腿骨頸部に見られた外閉鎖筋溝という溝状の特徴で、骨と腿とを結びつける筋肉が付着する部分である。その特徴が、直立二足歩行に特有なものだという。ただし、事実上それが唯一の証拠らしい証拠なので、直立二足歩行は認めても、「常習的に」ということには批判的な研究者もいる。

それでも有力な反証がないから、ミレニアム・アンセスターはともかくも人類の地位に現在も納まっている。本当にオロリンという属が存在したのか、サヘラントロプスと同じ仲間ではないのかなどの議論は残る。その決着にはさらに証拠が必要だろう。

†覆された分子時計の「常識」

オロリンが古ければ六〇〇万年前まで遡るとなると、アルディピテクス・ラミダスの発見時に想定された人類史を五〇〇万年とする見方は破綻したことになる。

すなわち、オロリンの発表が世界中で大騒ぎになったのは、長く大多数の研究者から信じられていた「人類五〇〇万年史」のシナリオが一挙に覆されたからだった。このシナリオの根拠となっていたのは、「分子時計」である。生化学者たちは、現生の類人猿（テナガザル、ゴリラ、チンパンジー、ヒト）の遺伝距離を調べ、この順にヒトとは遠い関係にあることを明らかにし、人類の起源は五〇〇万年前と算出した。

だが化石証拠しか信じない古人類学者たちは、当初この分子時計を信じず、ヒトの起源は一四〇〇万年前のラマピテクスにあると主張した。しかし分子時計の証拠がいくつも積み重なり、年代が古く原始的な猿人、例えば約三〇〇万年前のアウストラロピテクス・アファレンシス（アファール猿人）が七〇年代に相次いで見つかるようになると、ラマピテクスの人類起源説は後退し、ついには主唱者の一人も自説を撤回すると、分子時計による五〇〇万年を起源とする説は、化石を扱う古人類学者も受容するところとなった。

それが、なぜ破綻したのか。分子時計の基準時間が間違っていたと判断するしかない。

分子時計は、我々の使っている普通の時計やカレンダーと異なり、予め時が定まっているわけではない。対象のグループの分子の違いから、AとBは〇〇年前に分岐したが、Cはそれより古く××万年——と推定するのが分子時計だ。ただそれには、年代目盛りの基準になる別の化石があって、その化石の年代がはっきりしていることが前提になる。それが正確でないとすれば、遺伝距離は正確であっても換算した年代は異なってくるのである。

新発見が、いったんは人類起源の年代を一挙に新しく変更したけれども、今度はオロリンの発見が逆に古い方向に改訂させることになった。そこには、放射年代測定法という正確な科学的計時法の裏づけがあったのだ。

†古型ラミダス、カダッバの発見

人類起源の古代化は、オロリンの論文報告のおよそ四カ月後に別のホミニン化石の発表で裏づけられることになった。

発見したのは、ホワイトが率いるチームに加わるヨハネス・ハイレ＝セラシエというエチオピア人大学院生（当時）だった。ホワイト隊のハイレ＝セラシエのグループは、エチオピアの首都、アディスアベバ北東約二〇〇キロにあるミドル・アワシュのアラミスで化石探しをしていたが、それは砂漠に珍しい大雨の降った後の九七年一二月一六日の早朝だった。ずば抜けた化石ハンターの異名を持つ彼の目は、熔岩礫の間に転がる、雨で洗い出されたホミニン頭骨片をすばやく見つけた。それは、第三大臼歯のついた右下顎骨だった。ちなみにハイレ＝セラシエは、一五九頁で述べるガルヒ猿人の模式標本頭蓋の第一発見者でもある（その発見も同じ九七年だった）。

このホミニンの年代は、後に下顎骨片に続いて見つかった歯や骨も含め、古い骨では五八〇万年前近くになる。以前に見つかっていたラミダスより一〇〇万年も遡る「最古の人類」を、ハイレ＝セラシエは実は誰よりも早く発見していたのである。ただ発表では、ミレニアム・アンセスターに後れをとったことは前述したとおりだ。

ハイレ＝セラシエの第一号化石の発見後も、二〇〇〇年を除いて毎年、調査隊によって同一種の断片的化石が発見された。合計すると一一点、少なくとも五個体分にもなるが、こちらも頭蓋は未発見だ。したがって脳の大きさも分からない。

標本は、前述の下顎骨片、それに尺骨片、上腕骨片、足と手の指骨、鎖骨片を除くと、やはり歯が主体になっている。新発見の化石は、二グループに分かれ、新しいグループは五二〇万年前頃、それより古いグループは五五四万〜五七七万年前の間に位置づけられる。

とりあえずハイレ＝セラシエは、『ネイチャー』〇一年七月一二日号で、新発見ホミニンをアルディピテクス・ラミダス・カダッバと名づけた。アルディピテクス・ラミダスの種に含まれるが、四四〇万年前のものとは亜種レベルで異なるという意味だ。ちなみにカダッバという亜種名は、現地アファール語で「家族の大もとの祖先」という意味だという。

†直立二足歩行をしていたカダッバ

これほどの古いホミニンの骨の化石が発見されたとなれば、本当は二一世紀の始まりを飾る「世紀の大発見」として世界中がひっくり返るような大ニュースとなっただろう。しかし論文査読に手間取る『ネイチャー』に投稿していたために、前述のようにいち早く記者会見で発表したピクフォードとセヌのオロリンに後れをとることになった。奇しくもハイレ＝セラシエが、論文を『ネイチャー』に投稿したのは〇〇年一〇月である。その時点で、ピクフォードらはまだオロリンを見つけていなかったのだ。ハイレ＝セラシエはじめ、ホワイトたちがいかに悔しがったかは想像にあまりある。

この論文でハイレ＝セラシエは、これらの歯に見られる新しく表れた特徴（下顎犬歯がヘラ状化している点など）はさらに年代の新しいホミニン化石群と共通する、と指摘した。つまりこの化石は、チンパンジー祖先とヒトの祖先とが別れた後のホミニンを代表するものだというわけだ。

ハイレ＝セラシエらの化石群は断片的なものばかりだったが、足の指の骨が見つかったのが重要である。この指の骨が、より新しい猿人のものと似ていたのだ。関節の曲がった角度がそっくりで、これによりこの個体は爪先で地上を蹴ることと、地上で足の前を離したり踵を持ち上げたりして前に進むことができ、すなわち直立二足歩行をしていただろうと推定できた。

†直立二足歩行は偶然の産物か

ただサヘラントロプス、オロリン、カダッバのいずれにも言えることだが、直立二足歩行をしていたとしても、初期人類の生息域が樹上であったことは間違いない。それは、アルディの項でも述べたように、共伴する動物化石が森林性の種であり、また指や腕の形が樹上適応を色濃く残していることから推定できる。

アルディのように、彼らは確実に小型であり、身を守る石器もまだ発明していないので、肉食動物の捕食から守られる樹上こそ安全な場であったと想定される。彼らがいつもサバンナに出ていたとすれば、直ちに捕食者に襲われ、種を長らえさせることはできなかっただろう。

理由は定かではないが、初期人類は直立二足歩行を森の中で進化させたことになる。おそらく偶然の産物だったのだろうが、オーウェン・ラヴジョイの想像するように、地上を歩いて食物探索領域を広げ、それを持ち帰るのに都合の良い直立二足歩行が上手なオスの個体が自然淘汰を経て選択された結果という可能性もありえる。メスと自分の子に食物をより多く持ち帰れれば、生存機会は大きくなるからだ。

ただ進化では、今日広く使われている機能が、最初の適応と無関係に生じ、その後に何かのきっかけでたまたま転用されるケースがよくある。「イグザプテーション」（外適応）と呼ぶが、その典型例は鳥が飛ぶために用いる翼であろう。翼は、羽毛恐竜の例のように恐竜（特に肉食性の獣脚類）の鱗が保温性のある羽毛様のものに変化したことに起源を有する。その変化は、肉食恐竜の抱卵にも役だった。十分に羽毛を備えたある個体が、たまたま羽ばたいて空を飛んだことで、保温のためだった羽が飛翔力のある翼に転用されたのだ。

だから直立二足歩行も、地上を二本脚で歩くために進化したのではないのかもしれない。最初に立ち上がった個体は、遺伝子に起こった突然変異をベースに立ち上がり、それがたまたま選択されて固定化したのだろう。これが数百万年後、直立二足歩行が洗練化されて初めてサバンナに出たことで、人類の大躍進を可能にしたのだ。

†最古の三種の関係はまだ不明

断片的な化石ばかりだからやむをえないが、カダッバとオロリンとで重複する部分が見つかっていないのは、不都合だった。つまり互いに年代の近い、距離もさほど遠くないこの二種が、実は同種のホミニンだったのかもしれず、それは誰にも正確には判断できないのだ。

同種でなくとも近いホミニンだとすると、化石命名の規則から、オロリンはアルディピテクス属に含まれねばならない。先に命名されたのはアルディピテクス・ラミダスだったから、命名規約に従えばそうなる。もちろん古人類学界の「はぐれ者」扱いされていたピクフォードらが、そうした扱いに同意するわけもないが。

二〇〇四年、ハイレ＝セラシエ、諏訪元、ホワイトの三人は連名で、新たに追加発見された歯も加え、これらの一群の骨を新たな種、アルディピテクス・カダッバと命名し直した（『サイエンス』二〇〇四年三月五日号）。従来のラミダスとは別種に位置づけたのだ。

ただ、古人類学界の一部には戸惑いもある。新種カダッバは、年代が異なる二つのグループを同一種にまとめているからだ。直立二足歩行の証拠とされた足指は、年代の新しいグループに属する。だから古いグループが直立二足歩行をしていたことの直接の証明はない。歯から、ホミニンの特徴が見られるというにすぎないのだ。

オロリンの大腿骨にも、直立二足歩行の証拠とは言えないという批判があることはすでに述べた。

今のところサヘラントロプスも含め、三者の関係は全く不明と言うしかない。少なくとも同属にまとめられるべきなのか、それとも互いに別属別種だったのか、議論はくすぶり続ける。

またカダッバの新グループの五二〇万年前と、最古の個体では四五〇万年前になるとされるラミダスとの間に、七〇万年間もの空白がある。例えば現代から七〇万年前に遡っていけば、我々ホモ・サピエンスをはじめ、ホモ・フロレシエンシス、ネアンデルタール人（ホモ・ネアンデルターレンシス）、ホモ・エレクトス、ホモ・ハイデルベルゲンシス……と多数のホミニン種が生きていた。その事実を考慮すれば、まだ発見されない未知の種がさらに大地の下に眠っているとも読める。

とすれば現代の我々につながる祖先は、未知の種なのかもしれず、サヘラントロプスをはじめとする太古のホミニン三種ではない可能性もある。

さらにサヘラントロプスより古い、類人猿祖先との分岐直後のホミニンが別にいたかもしれない。我々はパズルのピースをまだまだ見つけきってはいない。人類の起源を探る研究はなお混沌の中にある。

第二章　アファール猿人（三九〇万〜二九〇万年前）

【本章の視点】

一九七四年、一〇〇万年前超の人骨としては初めての全身骨格化石がエチオピアで見つかった。「ルーシー」と呼ばれる、三一八万年前のアファール猿人（アウストラロピテクス・アファレンシス）である。新進の古人類学者ジョハンソンが発見した奇跡的なこの骨格化石は、その完全さのゆえに、学界以外にも大きな反響をもたらした。アファール猿人は、一〇〇万年間は生息し続け、のちの諸人類の起源となったと思われる。この骨格は、その数年後に発見されたこれまた奇跡的な足跡化石とともに、彼らの直立二足歩行の様子と全体像を生き生きと描き出した。他の化石からは、彼らの脳が類人猿を少し上回る程度の約四五〇ccと小さかったということも分かった。

しかしルーシー以外の化石から、アファール猿人は複数種説も主張されるほどに多様性に富むことが判明し、評価をめぐってジョハンソンたちとアフリカ古人類学の祖であるリーキー家とは激しく衝突することになる。発見のドラマは、学界の亀裂も生み出した。

最近、発表された三歳のアファール猿人幼児化石「セラム」も、五万年前超では初めての完全に近い幼児骨格の発見だった。そこで描き出されたのは、アファール猿人の上半身の原始性と下半身の進歩性というキメラ的形態だった。

†三二八万年前の「ルーシー」の奇跡的発見

化石発見の栄誉の機会は、誰にでも平等に与えられているわけではない。選んだ調査地が悪ければ、どんなに優秀な研究者でも化石を見つけられない。最低限、この年代の地層があると見当をつけ、そこを探さなければ話にならない。

そうやっても、幸運の女神は選ばれた人にだけ微笑む。さしずめその一人は、「ルーシー」の発見者であるアメリカの古人類学者、ドナルド・ジョハンソンだろう。一九七四年、彼は弟子の大学院生と、たまたま立ち寄った調査地の一角のガリ（豪雨で抉られて出来た砂漠の小渓谷状の窪み）でルーシーの腕の骨の一部を見つけた。前年に初めて調査に出たエチオピア、ハダールで古人類の膝の骨を見つけていたが、それに次ぐ発見であり、これが一〇万年前超の世界最初の人骨骨格化石の発見へとつながる。

それだけでも、十分に幸運だった。なぜならジョハンソンの恩師であり、古人類学界で不朽の名声を誇る大御所のクラーク・ハウエルは、フィールドにしたエチオピア南部のオモ渓谷に世界最初の学際的大調査団を率いて何年も調査したが、断片骨ばかりでほとんどめぼしい人骨化石を見つけられなかったからだ。もっともハウエルがオモ渓谷の緻密な地層の調査で得た火山灰層、動物骨化石、年代測定値、石器などの編年は、東アフリカの一つの基準になった。

ジョハンソンが最初に見つけたルーシーの骨は、腕の一部だったが、その近くで頭蓋の破片なども次々と発見された。驚いたジョハンソンはキャンプに引き返すと、メンバーを総動員して現場に戻り、付近の探査を始めた。そうして見つかったのが、骨格の二〇％〜四〇％（数え方によって違ってくる）が回収されたことで名高いルーシーである（標本番号でAL288-1）。ルーシーの年代については、一時、大論争があったが、後に三一八万年前と確定した。これにより、世界は初めて三〇〇万年前頃の猿人の姿を見ることができたのである。それによると、ルーシーはメスで、推定身長一・一メートル弱とかなり小さかった。

世紀の大発見をしたジョハンソンはその時、自前のフィールドに出てたった二年目、わずか三〇歳だった。幸運だとつくづく思われるのは、ジョハンソンも後に述懐しているように、発見地のガリに訪れるのがもう数年早くても遅くても、ルーシーは見つけられなかっただろうからだ。草木の全くない砂の間からちょこっと顔を出していた腕の骨は、おそらく数日から数週間前に降った雨で地中から洗い出されたものだった。その前だったらもちろん見つけられなかったし、しばらく後に行けば、また風の運んだ砂で埋まってしまっていただろうし、そのままだとしても何年も経てば風化して消失してしまっていたはずだ。

一方で運頼みだけでも、もちろん化石は発見できない。アルディピテクス・ラミダスの最初の発見者である諏訪氏は、それまでエチオピアやタンザニアのオルドゥヴァイの焼けつく荒野でずっと化石を探してきて、化石と小石を見分ける目を鍛えていた。その鍛えられた目が、砂利の間から顔を覗かせていたラミダスの小さな歯を見つけたのである。

†腰の骨による直立二足歩行の証明

ジョハンソンは、回収された骨格を、在職するアメリカのクリーヴランド博物館に借り出し、ケニア国立博物館で出会って意気投合した若い大学院生のティム・ホワイトと、ルーシーの分析に乗り出した。

研究すればするほどジョハンソンは、ハダール化石群には二種のヒトが混じっており、そのうち一つは初期ホモかもしれないと考えるようになった。ところがホワイトは、強硬に一種説を主張した。議論の末、最後はジョハンソンも同意し、ハダール化石群を単一種にまとめて七九年に発表した。ホワイトが一種説を譲らなかった解釈上の根拠は、師であるC・ローリング・ブレイスと相弟子のミルフォード・ウォルポフの影響である。ブレイスもウォルポフも、細かい化石の形態的違いを個体差・性差とみなし、大きな枠組みでまとめるランパー（包括分類派）の大立者で、人類単一種説の信奉者だったのだ。

ジョハンソンは、記載に当たって定める基準となる化石（模式標本）に、メアリ・リーキー（後述するルイス・リーキーの妻）が調査し、ホワイトも調査に参加していたタンザニアのラエ

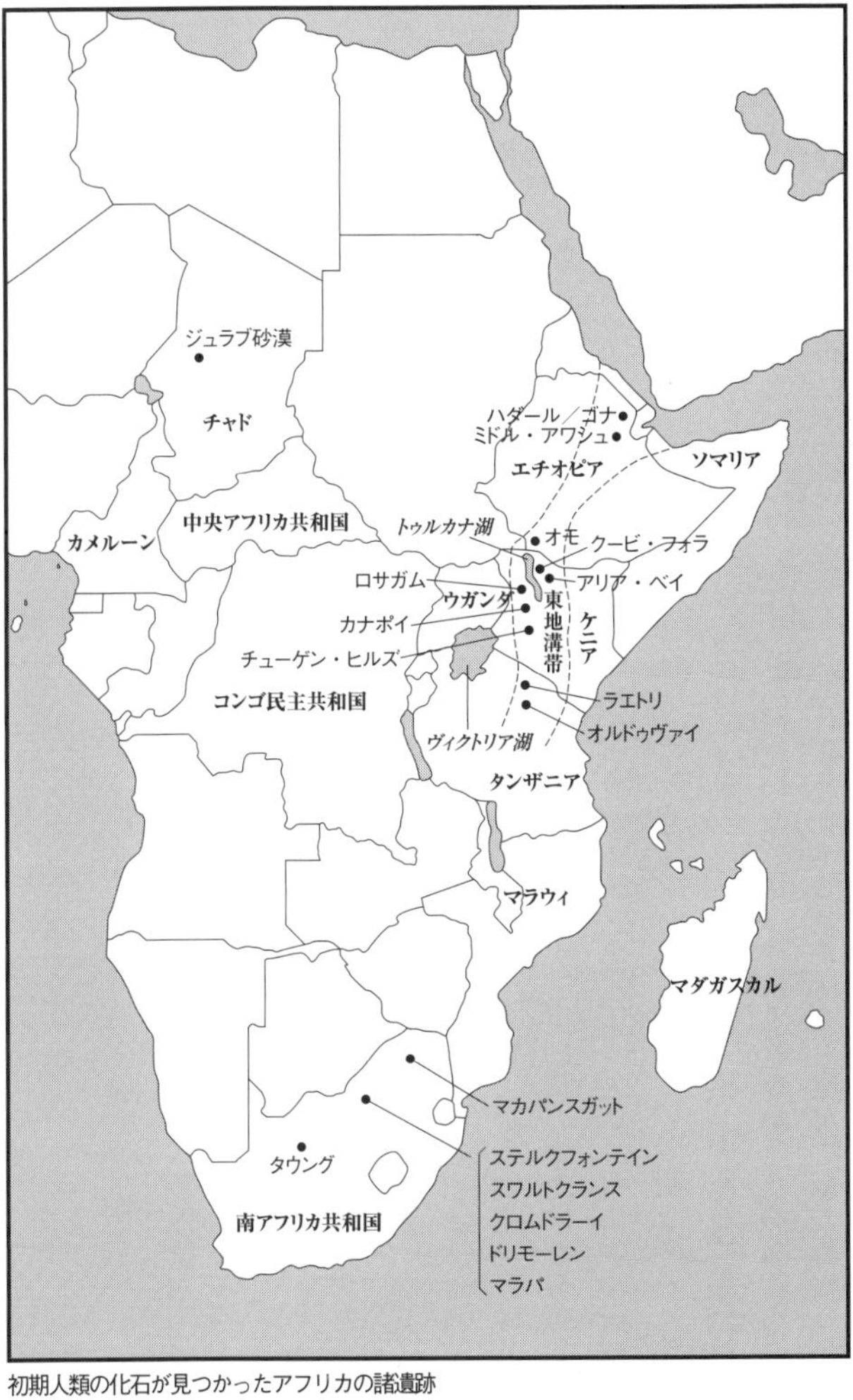

初期人類の化石が見つかったアフリカの諸遺跡

トリの成体下顎骨化石（LH4＝ラエトリ・ホミニド四号）を選んだ。それが後に、古人類学界を揺るがすメアリとジョハンソンの大喧嘩のもとになる。こうしてジョハンソンとホワイトは、ルーシー発見の翌年「サイト333」で見つかった「最初の家族」と通称される少なくとも一三個体分の化石やラエトリの化石も含めて、ハダールのすべてのヒト化石を、新種猿人「アウストラロピテクス・アファレンシス」（アファール猿人）にまとめたのである。

全身骨格が見つかったのだが、残念ながらルーシーの頭蓋は不完全だった。したがってアファール猿人の顔つきも脳容積も、よく分からなかった。だが、初期人類の研究で不可欠な左骨盤の骨が揃っていた。それは、現代人によく似ていて、左右に広く、直立二足歩行に適応していた。にもかかわらず、一部の上肢と下肢の標本の関節は現生人類よりも可動性が大きく、すべて同一種と見れば、それはアファール猿人がなお樹上適応の姿を留めていたことを意味した。

なお、初期人類の腰の骨としてはルーシーが注目されているが、実は腰の骨だけなら四七年に、すでに南アフリカのステルクフォンテインで、ロバート・ブルームという古生物学者が発掘していた。アウストラロピテクス・アフリカヌス（アフリカヌス猿人）の骨盤とそれに伴う大腿骨の一部、いくつかの脊椎骨（「Sts14」化石、一一三頁参照）で、おそらく年代はルーシーより六〇万年は新しいだろう。早すぎた発見のために、注目されなかった側面もある。

さてジョハンソンとホワイトは、ハダール化石群をすべてアファール猿人にまとめたのだが、古人類学の例に漏れず、実はこの設定に対して、いまだに異説がくすぶる。化石群の中には頑丈型の猿人が混ざっているとか、ルーシーを抜き出して後を別の種に設定すべきだとかである。その一人が、オロリン報告者のセヌで、彼女によれば、ルーシーを除いた腕と脚はホモにつながるプラエアントロプス属だという。

それでも現在のところ、大多数の研究者は、アウストラロピテクス・アファレンシスの有効性を認めており、三九〇万～二九〇万年前、東アフリカ(とひょっとすると中央アフリカ)に彼らが広く分布していたという認識が定着している。

†もう一つの奇跡 —— 足跡化石の発見

アファール猿人が直立二足歩行していたことを説得力ある形で見せつけたのは、もう一つの「奇跡」であるホミニンの足跡化石だった。ジョハンソンとホワイトがルーシーなどの骨の分析中の七六年に、タンザニア、ラエトリでメアリ・リーキーの調査団によって偶然発見され、七八年と七九年に発掘調査された。当時としてはホモ・サピエンス以外のヒトの足跡では世界で初めての発見だとして、調査団が色めき立った。発掘によって、二七メートルにわたって並行した二筋の足跡化石が現世に蘇ったのである。

並ぶように残された足跡は二つで、大きい方は別の一つとダブっているように見えた。最低限二人の初期人類ペアが、ぬかるんだ火山灰の上を真っ直ぐに歩いていたのだ。年代は、火山灰の測定から三七五万年前頃とされる。足跡には少しも千鳥足めいた様子はなく、多少は体を上下させたかもしれないが、ヒトが仲良く並んで歩いていたことを示した。

奇跡と言ったのは、①小噴火を繰り返していた近くのサディマン山が、ホミニンの歩く直前に噴火して、セメントのような成分の火山灰をラエトリ一帯に薄く降り積もらせた、②乾燥地なのに、直後にほどよい降雨がありセメント状火山灰がぬかるみ、降灰後に長く日が経ったり、その間に大風が吹いたりしていなかった、③雨上がり直後に、運よくホミニンがその上を歩いて通った（雨の後に一日でも経てば、熱帯の直射日光がぬかるみをカチンカチンに固めてしまい、ヒトや動物が歩いても足跡は残らない）、という三つの偶然が重なったからである。

奇跡は、さらに続く。④直後に再びサディマン山が小爆発して、ぬかるんだ足跡を覆い隠して保存したこと、である。それがなければ、固まった足跡も風化して残らなかったに違いない。そして最後の奇跡は、⑤三七五万年後にたまたま化石の発掘調査をしていた古人類学者チームに偶然に発見されたことだ。チームの一員が、ゾウの糞をふざけて投げ合っていて、たまたま露頭していた一部の足跡を見つけたという。この偶然がなければ、足跡は土中に埋まったまま、あるいは風化して、永遠に知られることはなかっただろう。

目に留めたのが古人類学者だったのも、偶然にしては出来すぎに近い。目的意識を持たない普通の遊牧民なら、全く気にも留めず通り過ぎただろう。常に初期人類の遺残を見つけようとする人間に、幸運の女神は向こうから語りかけてきたのだ。なお「奇跡」は、その三分の一世紀後に再び起こった。後述するが（一七四頁以降）、ケニア北部、トゥルカナ湖畔のイルレットで、一五三万〜一五一万年前の二枚の地層から、おそらくアフリカ型ホモ・エレクトス（ホモ・エルガスター）と見られる初期人類の足跡化石がまた研究者によって見つけられたのだ。

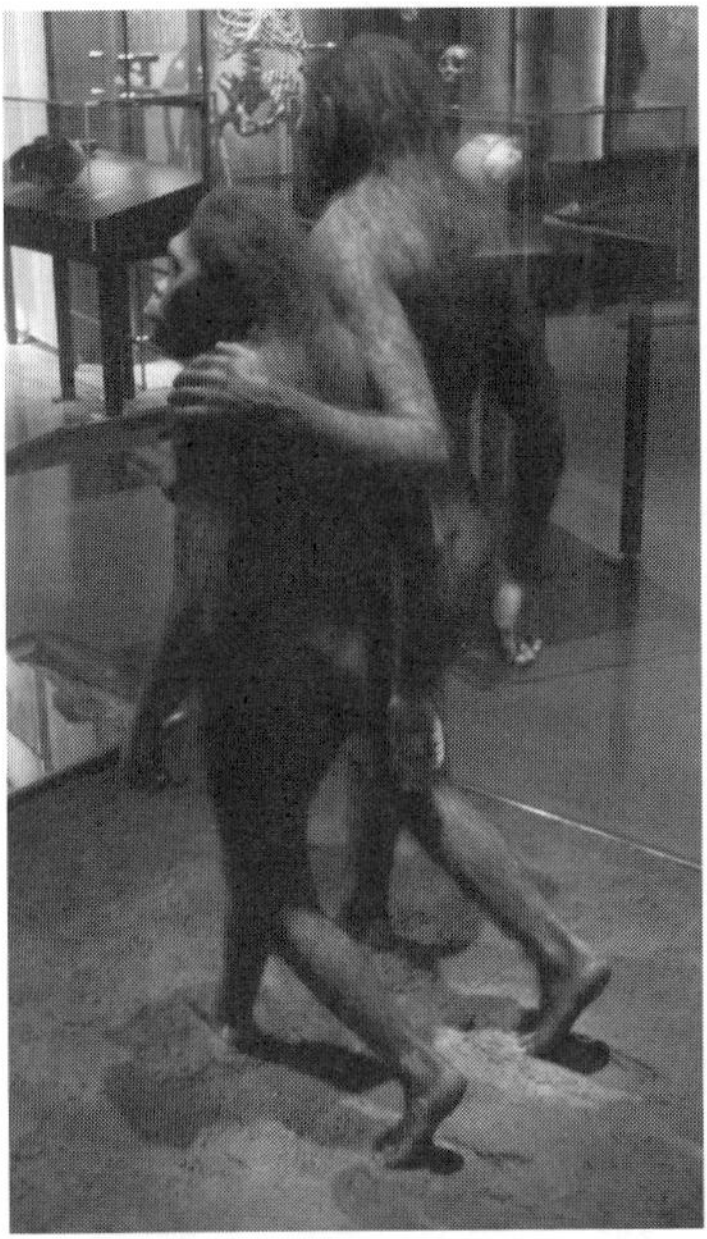
アファール猿人の復元模型

では、足跡を残したホミニンは何だったのだろうか。厳密に言えば分からないと言うしかないが、ここではLH4下顎骨を含め、多数のアファール猿人化石が見つかっているので、アファール猿人の残したものと考えるのが合理的である。

かくてルーシーの腰と脚の骨、ラエトリの足跡化石の二つから、彼らの直立二足歩行の様相が明らかになった。

†ジョハンソンとリーキー家の関係断絶

ジョハンソンらがLH4を模式標本化石としたことは、後に大きな悶着のタネになる。『サイエンス』にアウストラロピテクス・アファレンシス設定を発表した論文に、メアリ・リーキーも名を連ねて然るべきだった。LH4発掘の調査責任者は、メアリだったのだから。

しかしジョハンソンは、ハダール化石は二種からなるとする説を採るメアリ（ルーシー以外の、ラエトリを含むアファール猿人の大多数を初期ホモ属と見ていた）の意向に対する配慮を欠き、メアリを激怒させた。それがもとでアウストラロピテクス・アファレンシスの論文から、彼女の名を削除しなければならなかった。すでにホワイトは、意見の食い違いがもとでリーキー家から出入り禁止になっており、ジョハンソンもまた関係断絶となったのである。

ところでエチオピア、ハダールでの調査では、実はもう一つ、重要な発見があった。

調査団に参加していたフランス人考古学者エレーヌ・ロシュが、七六年にハダール、カダ・ゴナ地区で二二七万年前より古い地層から玄武岩製の原始的礫器（チョッパーやチョッピングツール、剝片など）を発見したのだ。現在では、二三三万年前頃と推定されている。オルドワン型と呼ばれるタイプだが、十数年後にも同じゴナ地区の別地点で、二六〇万年前のこの石器が大量に発見された。ケニアでもこの頃の石器が発見されているので、人類の石器製作が二六〇万年前に遡ることを明らかにした端緒となる画期的発見となった。

なおカダ・ゴナの同じ地層で、ずっと後の九四年一一月におそらく年代のはっきりしたものとしては最古のホモ属上顎骨（AL666-1）も見つかっている。石器と関連づけられそうなホモとしても、これは最古の例である（一五五頁に詳述）。

†重要なアファール猿人頭蓋の発見

ところがジョハンソンらは、ほどなくエチオピアでの調査から閉め出されてしまう。王制を打倒し、急進的社会主義路線を進めていたメンギスツ軍事政権が、この頃、欧米人の追放に乗り出したのだ。八一年から野外調査は全面的に中断した。この間、人類化石の発掘は、ケニアを除いて、一時頓挫する。エチオピアにジョハンソン、ホワイトたちが再び復帰するのは、九〇年のことだった。途中、ジョハンソンはホワイト、それに諏訪氏らと、メアリが引退して放棄されていたタンザニアのオルドゥヴァイ峡谷に戻り、ここでホモ・ハビリスの部分骨格を発見するなどの成果を挙げるが、やはりハダールこそ彼の本当のフィールドだった。

ハダールへの復帰後も、ジョハンソンのチームは大きな成果を挙げる。その最も大きな成果は、それまで未発見だったアファール猿人頭蓋を初めて発見したことだ。最大で見てルーシーは骨格の四〇%が揃っていたのに、皮肉にも頭蓋はほとんどなかった。そのため、小さいとは予測されたものの、アファール猿人の脳容積は不明だった。

チームに参加していたイスラエルの古人類学者ヨエル・ラクが、九二年、ハダールのとあるガリで頭蓋の主要一三片の破片と数百点の小破片を発見し、そこからついにほぼ完全な頭蓋の復元に成功した（AL444－2化石）。こちらの年代はルーシーよりやや若く、アファール猿人では最も新しい部類の三〇〇万年前ほどだった。

この発見は、一部の批判に対するジョハンソン側の回答ともなった。というのは、それまでアファール猿人の合成頭蓋は作られていたものの、それらは離れた地点で見つかった数個体分の破片を継ぎ合わせたものだったので、「二種」説論者からは異なる人類をブレンドしたとの批判に常にさらされていたからだ。ただ異なる個体の破片を継ぎ合わせて合成頭蓋が作られるのは、よくあることだ。博物館で展示され、教科書にも載っている有名な北京原人頭蓋も合成で、実のところ北京原人には完全な頭蓋は一つも見つかっていない。

しかしAL444－2の破片群は、明らかに同一個体のものだった。そうやって復元されたAL444－2標本は、これまで見つかったアファール猿人の中で最も大きな個体だった。犬歯も大きく、下顎も頑丈で、強力そうな筋肉の付着痕もはっきりしていたので、この個体はオスと判断された。それでも推定脳容量は、五三〇ccしかなかった。

ちなみに大きくて頑丈なAL444－2個体は、他の場所で見つかっていた別個体であるA

L417―1とかなり違った形態を備えていた。AL417―1個体の犬歯は小さく、顔面もそれほど突出していない。そこでこの個体はメスと判断されたわけだが、だとすると、アファール猿人の性差は、現生の大型類人猿並みに大きい、ということになる。

†多様性に富んでいたアファール猿人

AL444―2個体の発見は、ジョハンソンたちがエチオピアから追放された最後の年の八一年にベローデリーで発見されていた標本の同定にもつながった。

ベローデリーは、ハダールから約七〇キロ南に位置するが、AL444―2と三九〇万年前のベローデリー標本とを比較してみると、両者はそっくりの特徴を備えていることが判明した。すると帰属不明とされたベローデリーも、アウストラロピテクス・アファレンシスとなり、これによってこのホミニンの生息年代の最古限が確定した。ハダール化石群の中には、一部三〇〇万年前を割る例もあるので、アファール猿人はおよそ一〇〇万年間は生息していた計算になる。そしてジョハンソンが最初に二種と考え、今もなお二種説を確信している人たちがいることから分かるように、彼らの形態は多様で、おそらくこれを母胎に後のホモ属と頑丈型猿人が分岐進化したと推定されるのだ。後にも述べるが頑丈型猿人（パラントロプス属）は、エチオピア最南部オモ渓谷のシュングラ層群B層（二七〇万年前頃）で最古の標本が見つかっているし、ほぼ同時期に初期ホモ属も現れているからだ。

性的二型の大きいことは、〇二年発見のほぼ完全なAL822－1頭蓋で確認された。メスと判定されたこの標本は、歯を二本欠くものの、それまでで最も完全な下顎骨がついていた。犬歯サイズは小さく、筋肉の付着痕も目立つほど大きくはない。

このように後から後からアファール猿人の新化石が見つかってくると、あらためて明らかになってくるのは、ルーシーは最も小柄な個体だったらしいということだ。ここが化石研究の怖いところで、ただ一点しか化石が見つからない段階では、それが種全体を代表しているとは限らないことをルーシーは認識させてくれる。

ただ、大型のAL444－2ですら脳容量は五三〇ccほどだった点から見て、アファール猿人は脳も体格も小型であったのは間違いないようだ。ちなみに彼らの成体の最小脳容量は約四〇〇ccだ。平均的には、四五〇ccほどというところだろう。

†五万年前以前唯一の初期人類幼体「セラム」

アファール猿人以前でも以後でも、この種ほど多彩で充実した化石が見つかっている例はない。それは、ジョハンソンのような熱心な化石ハンターがいたからだし、ハダールが化石保存地として最高の条件を備えていた賜《たまもの》でもある。

そのことを象徴する例として、特に挙げておかねばならないのは、アファール猿人だけ、成体と幼体の完全な全身骨格が見つかっている事実だ（二〇一〇年四月に発表されたばかりの後述のアウストラロピテクス・セディバもこれほど完全ではない）。

成体の全身骨格は、言うまでもなくルーシーである。世界中を瞠目させたのは、三三二万年前の幼児（メス）骨格「セラム（アムハラ語で「平和」という意味で、アラビア語では「サラーム」となるという）」の発見だった。まだ軟骨部分の多い幼児の骨など、よほど好条件でないと保存されない。したがってセラムは、これまでに見つかった中で最も完全な幼児初期人類の骨格ということになる。

ちなみにセラムに匹敵する次に古い幼児の標本と言えば、はるかに新しい約五万年前のシリア、デデリエ洞窟のネアンデルタール人幼児まで下る。セラムの発見がいかに画期的であったか分かる。豊富な化石の見つかっているホモ・エレクトスでも、幼児骨格はまだ見つかっていないのだ。

セラムは、発表こそ『ネイチャー』〇六年九月二一日号だったが、発見は、その約六年前の二〇〇〇年一二月一〇日だった。エチオピア人の若い研究者ゼレゼネイ・アレムゼゲドが、ハダールに隣接するディキカで見つけた。ケニアで、オロリンが発見されたのとほぼ同じ頃だ。三歳くらいと推定されるこの女児骨格は、前述したように成体と比べて軟骨部分が多くまた細いから、本来であればすぐに分解されてしまう。そのうえアフリカの原野では、動物遺体はまずハイエナに、次にハゲワシに食われて、直ちに「掃除」されてしまう。それなのに、この女児は、ほぼ完全な頭骨のほかに、鎖骨、肩甲骨、大腿骨片、脛骨片、上腕骨片など、首から下の骨格部分がかなり残っていた。女児が洪水に流され、肉食動物に食われる暇もなく一瞬にして埋まったからだと考えられている。

この女児の大腿骨や脛骨は、ルーシー骨格同様に直立二足歩行していたことをうかがわせる形態を持っていた。しかし普段は樹上で暮らしていたようで、手の指は長く、湾曲していて、木の枝をつかみやすいようになっていた。肩の骨も含めて、ゴリラの幼体に近い。脳も小さく、同年齢のチンパンジー並みの三三〇ccほどだった。

このように下半身の現代性に反して、上半身はまさに類人猿であり、人類進化のキメラというおもむきがある。セラムよりも一〇〇万年以上も古いアルディのように、アファール猿人はなお樹上適応していたのだ。

†すでに始まっていたヒト的な成長遅滞

セラムの死亡した原因は不明だが、死亡年齢が三歳という推定は、乳歯が生えそろっているのに、永久歯がまだ一本も生えていなかったことを根拠にしている。ただそれにしても前述のように、脳は小さすぎ、アファール猿人成体の六三〜八三%にすぎない。チンパンジーの脳容量は、三歳頃には成体の九〇%ほどに達する。つまりセラムには成長の遅滞が見られ、実はこれが人類のもう一つの特徴なのだ。成長遅滞がアファール猿人段階でも起こっていたことが分かったのは、大きな収穫である。ヒトの脳の成長遅滞は、一五三万年前のトゥルカナ・ボーイで明確になったが、まだ脳の小さかったアファール猿人でもすでに始まっていたのだ。

現代人は、平均一三五〇ccと脳が大きいから、母体に負担をかけず、また新生児に脳性マヒを起こさせないようにするため、少なくとも脳に関しては「小さく産んで大きく育てる」ように適応している。出産後の急激な脳成長を考えると、一二カ月は早く生まれている勘定だ。つまり子宮内での九カ月プラス一二カ月が、現代人の妊娠期であるはずなのだ。しかしそれほど長く母体内に居据わるのは、妊婦にとって大きなハンデである。だから人類は脳の小さいうちに「早産」し、その後は直立二足歩行のおかげで自由になった手で乳児を抱きかかえて育てるようになったに違いない。なおチンパンジーは、生まれた直後の乳児も自分で母親の体毛をつかめるから、母親は人間のような抱っこをしないで済む。

ところで直立二足歩行は、前にも述べたが樹上適応していた初期ホミニンに何か利点があったのか、よく分かっていない。ラヴジョイの唱える子育て説は有力仮説だが、特に意味のない偶然の変異が、直立二足歩行を進化させたのかもしれない。ただ手が歩行から解放されたことは、ずっと後に石器製作の前提となるほど重要な変化であった。それは、脳の大型化とも密接に関連し、ホモ・エレクトス以降のホミニンに大きな飛躍をもたらす原動力となった。

もっともこの前提となる直立二足歩行により、ヒトは大きなマイナス面も背負い込むことになった。下半身が常に心臓の下にくるので、鬱血しやすく、痔になりやすい。重い上半身を腰で支えなければならないから、腰痛にもなる。ぎっくり腰や椎間板ヘルニアは、直立二足歩行による負の遺産の代表例である。

初期人類のメスにとっては、それどころではない、命に関わる負の遺産でもあった。スムーズに直立二足歩行をするために、腰がスレンダーになる必要があり、おかげで産道が狭くなった。その上に、ラミダスならまだしも、ホモ属にいたっては頭の大きい新生児を産むことになった。難産が、宿命づけられたのである。現在は帝王切開などで難産に対処できるが、医学の恩恵に浴した近代でも、出産時の死亡が出産年齢女性の死亡原因の第一位だったのである。

セラムに見られた成長の遅滞は、進化がこの不都合さに対処してくれたことを物語っている。脳がまだ小さかったにもかかわらず、その適応はすでに始まっていたのである。

†希有な舌骨の発見

最後にもう一つ、つけ加えておこう。セラムの完全さを物語る好例だが、化石人に希有な

「舌骨」という小さな骨も一緒に見つかったのだ。舌骨は、下顎と咽頭の間に存在し、頭蓋に固着していないU字形をした薄い骨で、そのために残りにくく、ホモ・エレクトスより古いホミニンでは初めての発見であった。ルーシーにもトゥルカナ・ボーイにも見つかっていない舌骨が、セラムにだけ残ったのは奇跡的である。その形は、現生のゴリラのものに似ているという。

舌骨は、そのホミニンが言語をしゃべれたかどうかの論争で、よく引き合いに出される。例えば〇六年のセラム発表以前の化石人類の舌骨と言えば、イスラエル、ケバラ洞窟出土のネアンデルタール人（ケバラ2号、愛称「モシェ」）でただ一例、発見されていただけだった。その舌骨の形は、現代人にそっくりだった。そこでこれを一つの論拠に、ネアンデルタール人は完全な言語をしゃべれたという主張がなされた。

だが、まだ埋葬すらしていなかった三五万年前頃のスペイン、アタプエルカのシマ・デ・ロス・ウエソス出土人骨群（少なくとも三二個体分）に二個の舌骨も含まれていたことが〇七年に発表されると、舌骨を根拠にホミニンの言語能力を主張する見方は根拠が薄れた。なぜなら完全な音節言語がありそうもないシマ・デ・ロス・ウエソス人（彼らは「ホモ・ハイデルベルゲンシス」という人類種に含まれる）の舌骨もまた現代人によく似ていたからである。

幼体のセラムは、その骨格の完全さから成体の、おそらく経産婦と思われるルーシーと対比され、「ルーシーの赤ちゃん」とか「ルーシーの子」とか呼ばれることがある。だが年代は逆にセラムの方がずっと古いので、ルーシーこそ「セラムの娘」と呼ぶべきだ。セラムの埋まっていた地層は、ハダール層群の中のシディ・ハコマ層下部である。セラム包含層そのものの年代は測れないが、いずれもアルゴン－アルゴン法で年代測定されたシディ・ハコマ火山灰の三五メートル上にあり、トリプル火山灰の五〇メートル下に位置するという。つまりセラムは、三二二万年前から三四〇万年前の間に位置づけられる。シディ・ハコマ層でも下部に埋まっていたから、三三二万年前の年代が与えられた。

このようにセラムは、ルーシーよりも一五万年近く古かった。ただアファール猿人としては、ルーシー同様に新しい部類に入る。

†三歳という年齢と性別の推定

さてここまで無造作に「三歳の女児」と述べてきたが、どうしてこの個体が三歳と分かり、メスだと判定されたのだろうか。現代人類学の研究水準からすれば、化石であっても年齢と性別の査定は可能だ。法医学の白骨死体の推定で用いられるテクニックと基本的には同じだ。

まず比較的簡単な年齢の推定である。

前述したように、セラムは乳歯が生えそろっているのに、永久歯は一本も生えていなかった。

しかしその乳歯の下、顎の中に永久歯が形成されつつあった。ここから、大まかに三歳頃と査定された。

また骨格がほぼ完全に残っていたので、四肢骨骨端部の形成状態と何枚かの骨が結合して出来ている頭蓋の縫合部の状態からも年齢推定が可能となった。幼児の骨は軟骨部が多いので、本来なら死後に溶けて四肢骨がバラバラになってしまう。しかし化石化で死後直後の状態がそのまま保存されたために、加齢による骨化の程度も参考にできた。これが成人だと、歯のすり減り具合などを加味しても、例えば四〇歳〜五〇歳といったようにかなりの幅をとらないと推定できない。熟年以上になると、頭蓋縫合部などほとんど消失し、ほぼ一つの骨になってしまっているからだ。

問題は、性別判定である。これは幼児だと格段に難しい。

成体なら、第二次性徴を経て、骨にかなり性別判定できる材料が残る。骨のサイズと形、頑丈か否か、骨盤の大坐骨切痕の形態などで、比較的容易に性別判定できる。しかし二次性徴前の三歳児では、軟部の残る生体でも生殖器を調べないと見分けにくい。

しかし前述したように、乳歯の下には永久歯が形成されつつあった。これをCT（コンピューター断層撮影装置）で画像を撮り、完全に形成されていた歯冠部（歯茎から上に出ている部分）の計測値が割り出された。セラムの含まれるアファール猿人の標本数は三〇〇個体以上もあって充実しており、それには性別の判明した標本も多数、含まれている。セラム永久歯の歯冠計測値をそれらの計測値に入れて統計的処理を行い、メスに属すると決定できた。現代人類学にハイテク技術が用いられるのは、「アルディ」復元でも述べたが、この手法が使われなければセラムの性別判定はできなかったに違いない。

なおその後、セラム発見地から二〇〇メートルしか離れていない所で、石でつけられたカットマーク(切り傷)と打撃痕のある大型偶蹄目の骨二点が見つかったという報告が『ネイチャー』一〇年八月一二日号に載った。報告者には、アレムゼゲドが名を連ねている。カットマーク例は、長さ一センチ弱の、肉を切り取ろうとしたと思われる二条の平行な溝である。年代はアルゴン－アルゴン法で三三九万年前という。報告者は、ホミニン最古の石器使用例としているが、ありあわせの石を道具に使った可能性も排除できないので、たった二つの獣骨だけという証拠からも、現時点では評価を保留しておきたい。

第三章

東アフリカの展開（四二〇万〜一五〇万年前）

【本章の視点】

人類進化研究は、リーキー家の貢献抜きには語れない。エチオピアでアファール猿人を発見したジョハンソンのライバルであるリチャード・リーキーは、両親の伝統と遺産を引き継いでスターとなった。リチャードは、東アフリカの大地溝帯の東側、エチオピアの国境に接する砂漠の中のケニア、トゥルカナ湖岸に良好な化石産地を見つけ、そこをフィールドにして人類進化図を塗り替える大発見を連発していく。調査にはリチャードの妻のミーヴも加わった。

今も続くトゥルカナ湖両岸でのリーキー軍団によるホミニン化石発見は、アルディピテクス属以後に出現するアウストラロピテクス属、パラントロプス属、ケニアントロプス属、ホモ属の素顔と相互関係を次々に明らかにしていく。ホモ属とパラントロプス属との共存を初めて明らかにしたのはリチャードの初期の発見だったし、ルーシーを上回る完全さのトゥルカナ・ボーイ（ホモ・エレクトス）の発掘も、ここでの大きな成果の一つだった。一時期、トゥルカナ湖周辺には四種ものホミニンが共存していたらしいことも分かった。

本章では、リチャードらによるトゥルカナ湖東岸と西岸の大発見を四つずつ採り上げ、それらの発見によってどのような進化の道筋が明らかになってきたのかを見ていく。

†古人類学界の名家リーキー家

古人類学や考古学では、自前の調査フィールドを持たないと、どうしようもない。そうでないと、発掘された資料を専門的立場から分析する役割の分担しか回ってこない。

さらに古人類学の場合、考古学と異なり有望な調査地は限られる。だから調査地を最初に開拓した研究者は、現地政府の突然の政策変更のリスクはあっても、いったん調査許可を得れば長く排他的な調査を行える。そのパイオニアが引退した後、その調査地に入り込むにはパイオニアに相応の仁義を切らねばならない。それが古人類学界の不文律である。

しかし中には、それを世襲的に受け継いでいる幸せなファミリーもいる。それが、古人類学界のサミットとも呼ぶべきリーキー家だろう。

ジョハンソンに怒りを向けたメアリ・リーキーは、夫のルイス・リーキーとともにタンザニアのオルドゥヴァイ峡谷で、中断期を挟みつつも不屈の信念のもとに二十数年間もしがみつくように調査してきたリーキー家の祖である。メアリも、ルイスに導かれてオルドゥヴァイに入ったのだった。

オルドゥヴァイは、ルイスが一九三一年に初めて訪れてから彼がフィールドとして開拓した場所で、太古の湖畔に堆積した百数十万年間の湖成層が、不整合面を挟みつつ数百メートルも

ルイス・リーキーとメアリ・リーキーの夫妻（アン・ギボンズ『最初のヒト』より）

の厚さでむき出しになった大峡谷だ。夫妻が、三六年に揃ってここを訪れ、調査拠点を築いてから、五九年に東アフリカで初めて頑丈型猿人の頭蓋（「ジンジ」と愛称される）を発見するまでの労苦と執念を思えば、リーキー家に特別の敬意が払われて当然だろう。何しろナイロビから、道なき道を何日もトラックに揺られてやっと行ける不毛の地で、飲み水の確保にすら難渋する所なのである。

リーキー夫妻の次男坊リチャードは、両親とは別にオモ国際調査隊を組織したクラーク・ハウエルと組み、六七年に初めて自前調査に出た。だが思惑に反し、彼の率いるケニア隊の割り当てられた調査区域は新しい地層の露頭地だったため、リチャードはたった一年でオモを見限り、国際調査隊から離脱することになるが、その調査の間、所用で軽飛行機に乗ってナイロビへ帰り、オモへ戻る途中、雷を避けるために空路を外してトゥルカナ湖（当時はルドルフ湖）東岸の上空を通った際、下界に化石が豊富に出そうなエリアを見つけた。

リチャード・リーキーが開くこの新フィールドが、後に不朽の名を残すクービ・フォラである。リーキー家は、二世代目で新たな拠点を築いた。六八年から入ったこの新フィールドには、翌年から続々と古人類学の金字塔を打ち立てるホミニン化石群が見つかった。ジョハンソンたちがハダールでルーシーの大発見をするより、わずかとはいえ、数年は先んじたのである。

詳しく述べていけばきりがないので、ここでは古人類学の常識を転換させるほどの大発見と評価される、トゥルカナ湖東岸における以下の主要な四つの業績に絞って紹介したい。

①頑丈型のパラントロプスのオスとメスを認識
②パラントロプスとホモ・エレクトスの共存を実証
③ホモ・ルドルフェンシスの発見
④脳の小さなホモ・ハビリスの発見

†第一の発見――頑丈型猿人のオスとメスを認識

リチャードが最初に見つけた化石は、両親がオルドゥヴァイで発見したのと同様に頑丈型猿人（パラントロプス属）だった。頑丈型は、骨がごついので、比較的残りやすく、したがって古人類学者には最も見つけやすいホミニンである。だからそれだけならどうということもなかったが、リチャードたちは、ここで頑丈型のオスとメスを見出したのだ。これが第一の発見だ。頑丈型のオスは、トゥルカナ湖東岸で初めて見つかったホミニン頭蓋で、六九年発見のKNM-ER406と標本番号が振られた。KNMはケニア国立博物館の略、ERとは「イースト・ルドルフ湖」の略で、ルドルフ湖とはトゥルカナ湖の旧称である。ER406は、両親がオルドゥヴァイで見つけた頑丈なパラントロプス・ボイセイのジンジとそっくりだった。一方、ほぼ同時に見つけられたER407は、それよりはるかに華奢だった。

リチャードらは、初めこのER407の解釈に戸惑った。しかしその後、続々と化石が見つかってくると、ER406もER407も同じパラントロプスであって、頑丈さの違いは性差と解釈するのが妥当ということになった。すなわちER406はオスで、ER407はメスだったのだ。火山灰の年代測定で、今ではER406は約一七〇万年前、ER407は約一八五万年前とされる。多少の年代差はあっても、長い地質時代のタイムスパンで考えれば、ほとんど同時代者と言える。もっと分かりやすかったのは、翌七〇年に発見されたER732だ。これは、明瞭にメスのパラントロプスと判断できたが、その年代はER406と同じ約一七〇万年前だった。

これらの発見が重要なのは、彼らよりはるかに早く、およそ五〇〇〇キロ南方の南アフリカで見つかっていた華奢型猿人（アウストラロピテクス・アフリカヌス＝アフリカヌス猿人）と頑丈型猿人（パラントロプス・ロブストス）の二種の猿人が明らかな別種であることを明確に確定させた点だ。それまで南アフリカでは、華奢型猿人と頑丈型猿人は別の遺跡で発見されていたが、これを同一種の前者はメス、後者をオスと考える一派がいたのだ。

同一種のオスとメスが性的棲み分けをしていて異なる遺跡から出土するという話もずいぶんと珍妙だが、当時はブレイスやウォルポフらランパーの人類単一種説が大きな影響力を持っていた。そうした不可思議な解釈も、ある程度は受け入れられていたのである。

†第二の発見――単一種説を破綻に導いたホモ・エレクトスの発見

単一種説は、さらに七四〜七五年のシーズンにクービ・フォラで発見された新たな完全な頭蓋で完膚無きまでに否定されることになる。これが、第二の発見だ。

追加発見されたのは、リチャードに言わせれば「北京原人そっくり」のホモ・エレクトス化石（ER3733頭蓋）だ。それまでホモ・エレクトスは、ジャワと中国周口店のアジアでのみ見つかっていた。アフリカでの初めての発見で、彼らの祖先がアフリカにいたことが実証されたわけだが、重要なのはER3733が先のER406とほとんど同一層位で見つかったことにある（後に火山灰の年代測定で、ER3733は約一八〇万年前に位置づけられた）。

両者の年代差は約一〇万年あるが、繰り返しになるが長い地質年代で考えればほぼ同時代と言える。同時代者なのに、ER406（およびER407）とER3733は、誰が見ても別種であった。ER3733には頑丈さは見られず、パラントロプスの特徴である頭頂部の骨の高まり（矢状稜《しじょうりょう》）も存在せず、上顎の突出さえ薄れていた。

それ以上にリチャードが重視したのは、何よりもER3733の脳が大きいことであった。脳容積は八五〇ccもあり、この時代の既知のどのホミニンよりも大きかった。ちなみに、これまで述べてきたパラントロプス・ボイセイの脳容積はいずれも約五〇〇ccだ。

ER3733の発見は、ホモ・エレクトスの起源がアフリカであったことを示したばかりでなく、人類の単一種は成立しないことを、これ以上ない明白な形で証明した。これにより、我々はある時代を見ればヒトは常にただ一種しかいなかったというドグマから解放され、ホミニンの多様性を認める方向に迷いなく踏み出すことができた。

なおER3733に代表されるアフリカ型ホモ・エレクトスを、ジャワ原人や北京原人といったアジアのホモ・エレクトスとは異なるとして、別種の「ホモ・エルガスター」（働くヒトの意味）とする意見も強い。ジャワ原人などはアジアに移住して特殊化を遂げた種であり、ジャワ原人を模式標本として命名された「ホモ・エレクトス」とは区別すべきだという説には、同意できるところが多い。ただリチャードのように、アフリカをフィールドにする研究者にはホモ・エレクトスと呼称している者が多いので、本書では基本的にはアフリカ型ホモ・エレクトスという語を用いることにする。

†第三の発見――ER1470(ホモ・ルドルフェンシス)

クービ・フォラ調査の第三の成果は、これもまた長く物議をかもすことになるER1470の発見である。七二年に見つかったこの頭蓋は、最初一五〇片くらいの破片となっていたのだが、ジグソーパズルが大好きなリチャードの妻ミーヴ・リーキーが丹念に継ぎ合わせて二つの大きなピースから成る頭蓋に復元することに成功した。

全貌を見せた頭蓋は、これまた奇妙だった。脳が七七五ccもあるのに、いかにも猿人的な風貌だった。広くてフラットな顔面、大きな口蓋、それにいくつかの頭蓋の特徴は猿人のようにも思えた。しかし、このような脳の大きな猿人はいない。それに東アフリカでは、南アフリカにいた華奢型のアフリカヌスは見つかっていなかった。とすれば、残るはパラントロプスだが、いかなる意味でもパラントロプス的な頑丈さは頭蓋に見られなかった。

リチャードは、亡くなる直前の父のルイスに化石を見せた。ルイスは、オルドゥヴァイの異なる地層で見つかった断片的頭蓋群を、脳の大きいことをもって(もっとも七五〇cc程度であったが)最古のホモ属と認め、「器用なヒト」という意味の「ホモ・ハビリス」と命名していた。ところがオルドゥヴァイのホモ・ハビリスは、最下層出土の、したがって最古の個体でも一八〇万年前ほどであった。ER1470をホモ・ハビリスにするには、年代が違いすぎた。リチャードは、この頭蓋の年代を二九〇万年前と見積もっていたからだ。

リチャードは、まだ進化の途中の中間的ホモ属だと考えた。オルドゥヴァイのホモ・ハビリスより一〇〇万年以上も古いとみなしたのは、クービ・フォラ化石群の重要な年代目盛りとなっているKBS火山灰が約二六〇万年前とされていたからだ。ER1470は、この火山灰のはるか下から出た。その意味で、リチャードの推定年代は不都合ではない。

ただリーキー・チームの重要な一員だった古人類学者のアラン・ウォーカーは、前記のような形態の原始的特徴を基にアウストラロピテクス説を最後まで譲らなかった。年代観からも、その考えは自然だった。

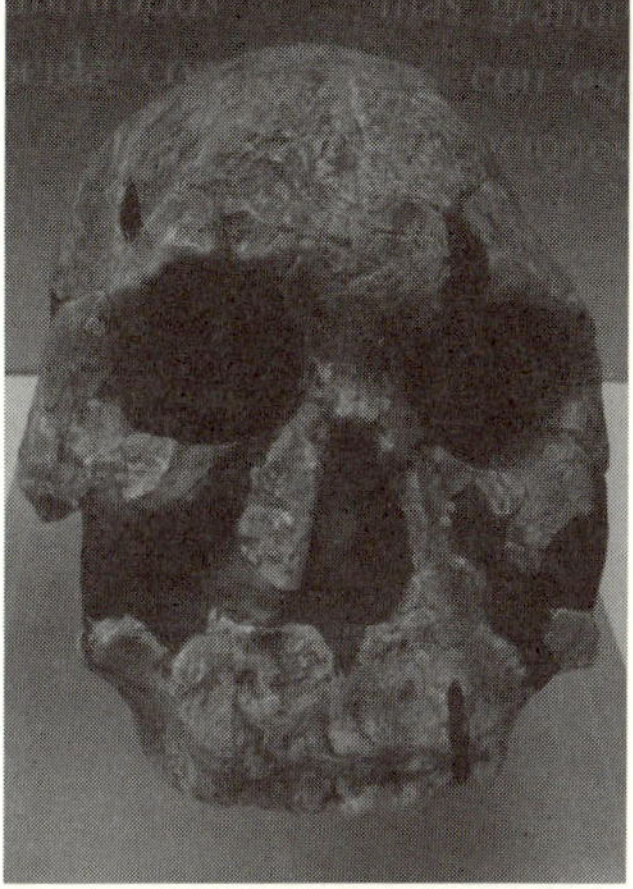

ホモ・ルドルフェンシスの頭蓋（ER1470）

しかしキー・テフラ（鍵となる火山灰）であるKBS火山灰のリチャードたちの年代観は、オモで活躍していたクラーク・ハウエル隊と大きな齟齬を来していた。KBS火山灰の年代は古すぎるという批判が猛然と巻き起こった。

オモ調査隊の古生物学者によれば、KBS火山灰より下層から出るイノシシ化石は、オモのずっと若い年代のイノシシ化石とどう見てもよく似ていたのだ。そればかりではない。はるか南方のオルドゥヴァイ下層出土のイノシシ化石とも一致していた。

ここにKBS火山灰をめぐって、古人類学・古生物学界を二分する大論争が起こった。オモとオルドゥヴァイの動物相による限り、KBS火山灰が二〇〇万年前より古くなることはありえなかった。この大論争は、KBS火山灰の年代測定した試料に古い火山灰が混じり込んでいたことが判明し、リチャード陣営の敗北で終止符を打った。新たな試料を使って、KBS火山灰は一八〇万年前と訂正されたのだ。それは、オモやオルドゥヴァイの古生物相とまさに一致する年代値であった。

これによりER1470は、一瞬にして一九〇万年前に修正された。となると、オルドゥヴァイのホモ・ハビリスとほぼ同時代者となる。しかし年代が訂正されたのは後のことだったので、リチャードは当初考えていた二九〇万年前という古さとハビリスとの形態の違いから、慎重にもホモ属とだけ考え、種名を特定しなかった。ER1470は、顔面が長く、歯は残されていなかったものの顎に埋まった歯根から、大きな犬歯と切歯、ほどほどの大きさの大臼歯と小臼歯を持っていたことが想定された。

種名を特定しないでおいたことが、仇となった。一九八六年、クービ・フォラ調査とは無縁のソ連（現ロシア）の人類学者ヴァレリー・アレクセーエフがＥＲ１４７０を模式標本にして、新種ホモ・ルドルフェンシスを独自に設定してしまったのである。

リチャードが後悔しても、後の祭りだった。ホモ・ルドルフェンシスは市民権を得て、その後、大ぶりのＥＲ１５９０などホモ・ハビリスとされた何点かの頭蓋も、この仲間に加えられた。これらの平均脳容積は、約七九〇ccに達する。

ただし、ホモ・ルドルフェンシスの名も安泰ではなかった。ケニアントロプス属へ帰属替えされたという後日談があるが、これについては後述する。

†第四の発見――脳の小さい小型のホモ・ハビリス

最後にクービ・フォラでの第四の発見を挙げておくとすれば、七三年発見のＥＲ１８１３頭蓋である。これはほぼ完全な、まさにホモ属というにふさわしい化石だ。年代は約一九〇万年前で、クービ・フォラのホミニンでは、最も古い部類に入る。

いかにも進歩的に見える外観にもかかわらず、脳は猿人並みに小さかった。脳容積は、たった五〇九ccしかなかったのだ。

ここで、古人類学者はまたしても解釈に苦しむことになる。そもそもルイス・リーキーが、六四年に南アフリカのフィリップ・トバイアス、イギリスのジョン・ネイピアとオルドゥヴァイの華奢な化石群を合成して新種「ホモ・ハビリス」を設定した時、六〇〇㏄を超える脳の大きさを最大の論拠とした。模式標本としたOH7（オルドゥヴァイ・ホミニド七号）は、頭蓋片、顎骨、手骨の断片標本で、トバイアスが苦心して推計した脳容量は六八〇㏄だった（補注『ネイチャー』二〇一五年三月五日号で、フレッド・スプアらによりOH7のバーチャル復元が報告され、脳容量は七二九〜八二四㏄へと改定された）。推定脳容量の大きいことと手骨形態とからオルドワン石器の製作者として擬し、「器用なヒト」を意味するホモ・ハビリスを記載したわけだが、彼らはその際に従来の「ホモ属」を定義する脳容量を大幅に引き下げていた。

それまでホモ属は、七五〇㏄の脳サイズを超えるホミニンという閾値があった。この数字は、二〇世紀前半のイギリスの解剖学者アーサー・キースが提唱し、以後は長く承認されていたものだったが、ルイスらはその閾値を引き下げ、新たなホモ属の定義をし直したことになる。ところが脳容量五〇九㏄のER1813をホモ属とするのは、あまりにも矛盾ではないか——。

しかし、この小さな脳の華奢なホミニンは、形態から見れば頑丈型のパラントロプスではとうていない。ましてやもっと大きな脳を持つホモ・エレクトスではありえない。

ならば、この化石発見時に帰属未定だったER1470の類型なのか。出土地点こそ数十キロ離れているが、二個体とも出土層位はほぼ同じだ（したがってほぼ同時代者だ）。だがER1470は大型であり、顎と歯は大きい。しかし一方のER1813は、両者を並べれば一目瞭然なのだが、サイズが違いすぎる。この違いは、性差と考えられる範囲を超える。となれば、ER1813は、全く別の種にするしかない。これを収容する適当な入れ物と言えば、ホモ・ハビリスしかないだろう。そこでER1813は、メスのホモ・ハビリスとされたのである。
ホモ・ハビリスとは、どうも場当たり的な便利な道具入れという感がなきにしもあらずで、その点はジョハンソンらが後にオルドゥヴァイで奇妙な部分骨格を見つけた時に、さらに露わになるのだが、それは後に回す。

クービ・フォラでの前記のような主要成果は、古人類学界に変革をもたらした。すなわち一八〇万年前頃のトゥルカナ湖東岸には、狭い地域に少なくとも四種のホミニンがいたことを明確にしたからだ。それを見れば、単一種説なるものは、化石が揃わない時代の過去の遺物であったことは明瞭である。

四種とは、頑丈なパラントロプス・ボイセイ、それにアフリカ型ホモ・エレクトス、ホモ・ハビリス、ホモ・ルドルフェンシスである。頑丈型は、おそらく石器を作らなかった。東アフリカでも南アフリカでも、そしてトゥルカナ湖東岸地域のあちこちでもオルドワン型石器が見つかることから、他の三種は石器を作っていたと考えられる。異なる種だから、彼らの作る石器はそれぞれ異なっていただろうが、まだそのところは解明されていない。

ホモ属については、第五章でまたあらためて述べ、次はトゥルカナ湖の西岸に話は移る。

†トゥルカナ湖西岸でも画期的発見のラッシュ

クービ・フォラの発見は古人類学の発展に大きく貢献したが、やがてリチャードらの関心はより古い地層のあるトゥルカナ湖西岸に移った。そこでも、東岸と劣らぬ大発見が彼らを待っていた。その発見も、主に四つある。発見順に以下に紹介していく。

①最古の頑丈型猿人エチオピクス
②完全なホモ・エレクトス骨格「トゥルカナ・ボーイ」
③新種アウストラロピテクス・アナメンシス
④新属新種ケニアントロプス・プラチオプス

これらを見ると、西岸もまた化石の宝庫であったことが分かる。最初の二つは新種ではないが、古人類学の発展に大きな寄与をし、最後の二つは人類系統樹に新種という新たな枝をつけ加えた。

†第一の発見――「ブラック・スカル」ことパラントロプス・エチオピクス

発見の第一が、頑丈型猿人であるパラントロプスの系譜がはっきりしたことである。

八五年、リチャードのチームのアラン・ウォーカーが、天然のマンガンで真っ黒に染まった頑丈型の頭蓋を発見し、これがパラントロプスの出自と系譜をめぐる長年の論争にケリをつける端緒となった。翌年の『ネイチャー』に発表された、この標本番号WT17000、通称「ブラック・スカル（黒い頭骨）」の発見は、二つの意味で古人類学界を驚かせた（WTはウエスト・トゥルカナ、すなわちトゥルカナ湖西岸の略）。

ブラック・スカルの年代は、従来知られていた頑丈型に比べて、飛び抜けて古かったのだ。化石包含層を挟む火山灰から、ブラック・スカルは二五〇万年前頃のものとされた。それまでクービ・フォラでもオルドゥヴァイでも、二〇〇万年前を超える化石は見つかっていなかった。

ちなみに頑丈型は、南アフリカで最初に見つかったが、年代ははっきりしなかったものの一〇〇万年前代と考えられ、どんなに古くても二〇〇万年前は超えないと見られていた。ただしこちらは、「パラントロプス・ロブストス」という別の種名を持っていた。これについては第四章で述べるが、東アフリカにしろ南アフリカにしろ、頑丈型が二〇〇万年前を超える証拠はないと考えられた。

そのためその形成については、南アフリカの例をもとに、華奢型のアウストラロピテクス・アフリカヌスが次第に頑丈化を強めてパラントロプスになったという考えが有力だった。この考えは、確かに中間的形態に近いものも見られたので、より年代の古いアフリカヌスがパラントロプス・ロブストスに遷移したように、形態学の面からも説明可能だった。しかもアフリカヌスは南アフリカでしか見つかっていなかったが、少なくとも南アフリカでは両者は年代的に重なり合わない。アフリカヌスの方が古く、ロブストスは新しいのだ。年代の面でも説明がつく。

そこへ、思わぬブラック・スカルの出現である。ブラック・スカルを見ると、強力な咀嚼筋を頭頂部でアンカーのように受けとめる、かなり目立つ矢状稜のあることに強い印象を受ける。歯こそ残っていなかったが、歯根から巨大な大臼歯と小臼歯を備えていたことも推定できる。顔面は平坦である。これらはすでに知られていた東アフリカのパラントロプス・ボイセイと南アフリカのロブストスと共通する。ただし脳容量は、四一〇ccと最小の部類に入る。

この化石を前にして、六七年にオモのシュングラ層群で見つかっていたV字形の歯列痕を備えた(歯は一本もついていなかった)断片的下顎骨化石を、突然にみんなが思い出したのだ。あれも二五〇万年前だ、この仲間はすでに見つかっていたのだ——これが第二の驚きであった。

ただ、オモのこの化石を発見したフランス隊のカミーユ・アランブールとイヴ・コパンは、この化石を模式標本としてすでに「パラストラロピテクス・エチオピクス」を設定していた。ブラック・スカルが発見され、これが頑丈型に含まれるとなると、パラストラロピテクスという属名は無効ということになる。古生物学の原則では、同じものなら先に命名されている名前に合わせるのが命名規則だからだ。しかし種小名は、オモ、シュングラ標本が一番最初に命名されていたから有効である。ブラック・スカルは、完全な頭蓋を持ちながらも、残念ながら新種にならず、「パラントロプス・エチオピクス」に含まれることになった。なお頑丈型猿人のパラントロプス属については、あらためて後に詳述する。

†第二の発見――トゥルカナ・ボーイ

トゥルカナ湖西岸の調査での第二の、しかし今日でも抜きん出た奇跡の発見として挙げられるのは、完全なホモ・エレクトスの骨格「トゥルカナ・ボーイ」である（標本番号「WT15000」で、略して「15K」とも呼称されることがある）。

八四年八月、ルイスが育成した化石探しの名人カモヤ・キメウが、川とは言うもおこがましい、水の流れていないナリオコトメ川のそばで、一片の頭蓋片を偶然に見つけたのが端緒になった。直ちにリチャードが先頭に立って、大発掘が行われた。付近の土砂が徹底的に篩にかけられて細かい骨片まで探索された。そして見つかった化石を組み立てると、まるで理科教室に置かれている骨格模型のような完璧に近い骨格が出来上がった。ナリオコトメ川河畔で見つかったので、この化石は「ナリオコトメ・ボーイ」という愛称もある。

愛称が示すように、骨格は九歳余りの少年のものだった。骨格が組み立てられたので、推定身長は簡単に割り出された。その年齢なのに、トゥルカナ・ボーイ（以下、「ボーイ」と略す）

は一六〇センチもあったのだ。二次性徴の前なので、完全に成長すると一八五センチには達したと見られる。彼の標本番号は、画期的な発見だったので、ブラック・スカル同様にキリのよい数字がつけられた。WTの後につく番号がキリ番で表されるのは、後でも述べるもう一つの化石も含めて三例しかない。年代は、上下を挟む火山灰のカリウム－アルゴン法によって一五三万年前と推定された。

ボーイの発見が報告されると、古人類学界に興奮をもって迎えられた。ルーシーをしのぐ骨格の完全さを備えていたからだ。ルーシーは骨格の四〇％が揃っていたことで古人類学の世界に革命的知見をもたらしたが、それでもルーシーには頭蓋や腰から下の右半身など多数の欠けた部分があった。これほど重要な標本だったのに、脳容量が不明という大きな欠陥もあった。

だがボーイは、ルーシーをはるかに凌駕した。完全な頭蓋、ほぼすべての脊椎骨、それに完全な右腕、さらには足の骨を除く腰から下すべての骨が揃っていたのだ。数え方にもよるが、ルーシーを四〇％とするのはやや誇張だったが（本来は一〇六個あるはずの手と足の骨がほんの数個しか見つかっていなかったので、これが差し引かれていた。それも考慮すれば、二十数％といったところという）、ボーイは掛け値なしに骨格の六六％が揃う完全さだった。もちろんネアンデルタール人とホモ・サピエンスを除けば、化石人類として最高の完全さである。これを破るものがあるとすれば、なお石灰岩の中に埋まっている南アフリカの未知の猿人「リトル・フット」しかないだろう（リトル・フットについては第四章で詳説する）。

骨格の完全さによりボーイの属した種であるホモ・エレクトス（またはホモ・エルガスター）の全体像が、ほぼ完全に把握できることになった。彼らは、首から下は本質的に現代人と変わらない解剖学的構造を備えていたのだ。

†大きな脳と肉食への傾斜

様々な分野の研究者がボーイの解析に加わった。

まず脳容量は、少年だが八八〇ccもあった。成人になればもう少し大きくなり、九一〇ccく

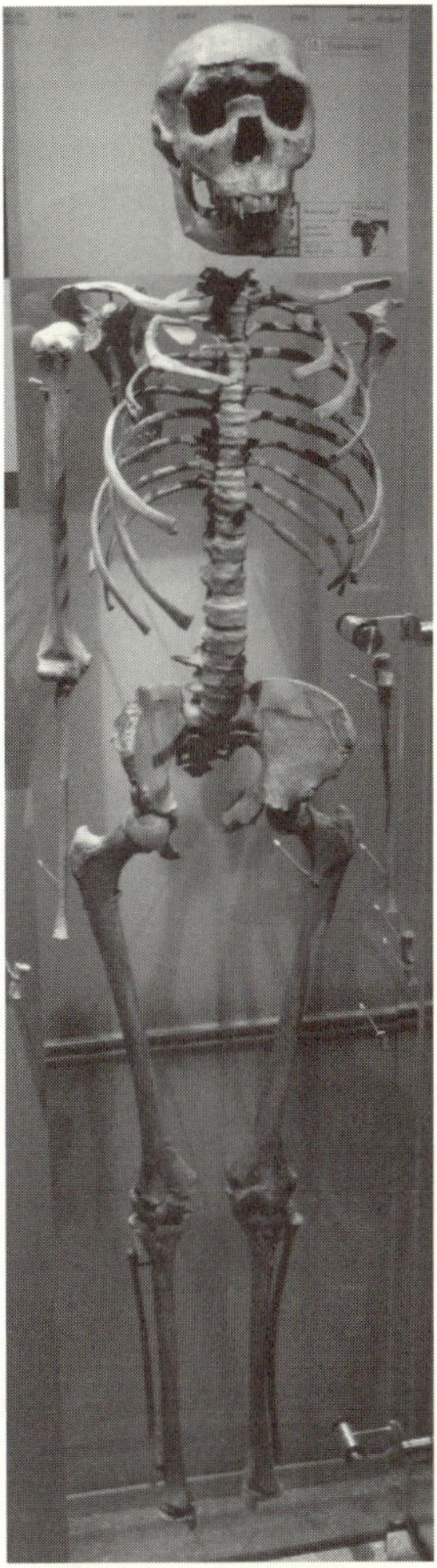

トゥルカナ・ボーイの全身骨格

らいに達したと推定されている。すでに見つかっているアフリカ型ホモ・エレクトスの代表格である成体のER３７３３は八五〇ccであった。先行する初期型ホモ属よりも、明らかに脳は大きくなっていた。

ボーイと共存していたわけではないが、この直前、すなわち一七〇万年前頃に東アフリカで初めてハンドアックスで象徴されるアシューリアン（アシュール文化）石器が出現する。この石器は、それまでの便宜的な製作としか思えないオルドワン型石器と異なり、予め頭の中に設計図が引かれていて、それに沿って製作されていた。そう言えるのは、涙滴形という明確に類型化がなされたハンドアックスが製作されているからだ。ただハンドアックス（とそれと類似したクリーヴァー）は大きすぎるので、狩猟具だったのではない。肉を切り裂き、骨髄を割るのに最適な形で、肉を処理する石器だった。肉食が普遍化した証しとみなせる。

なおハンドアックスには、時には非実用的とも思える長さ三〇センチにも達する超大型品やすべてが使用されたとも思えないほど大量に地表に散在している例が知られており、クジャクの羽のように、ホモ・エレクトスの男性が女性を性的に誘引する象徴に用いたのではないかと見る考古学者もいる。

肉食への傾斜は、ボーイの骨格からも明らかだった。胸郭は我々のようにビヤ樽のような細長い形をしていて、しかも見事なウエストを備えていた。対して、胸郭を復元できたアファール猿人のルーシーは、幅広でしかもウエストがないズン胴であった。ここから予測されるのは、ボーイと彼が属した種であるアフリカ型ホモ・エレクトスの腸はそれほど長くはなかったろうということだ。哺乳類の腸を想像すれば分かるように、草食動物では繊維質の食物を消化するために異常に長い腸を持つのに対し、肉食動物のそれはずっと短い。そこから類推すれば、ボーイとその種は、ルーシーとその種と異なり肉食に傾斜していたことになる。

　石器を持たず、基本的に樹上性だったルーシーたちは、樹上性の小動物以外の肉は食べられなかったろう。チンパンジーも樹上でコロブス（サルの一種）の集団的狩猟を行い、肉を食べる。しかし食全体に占める肉食比率は、数%にすぎない。だが、ボーイたちははっきりと違っていたのだ。

　肉食への傾斜は、肉処理に便利なハンドアックスの出現で間接的に裏づけられるし、脳の大型化にも必要だった。脳は、体重に占める比率がたった二%程度にすぎないくせに、エネルギーの二〇〜二五%を消費する「大飯ぐらい」の器官だ。肉食がなければ、ボーイ並みの大きな脳を養えなかっただろう。ホモ属の出現は今から二五〇万年前頃だったと思われるが、その前後に初歩的石器のオルドワン文化が成立し、また脳も大きくなり出したらしいことは、一五七頁のアウストラロピテクス・ガルヒの発見の項であらためて再論する。

†言語は話せなかった

ボーイの全身骨格から、彼らが今日的なホモ的特徴を進化させていたこともはっきりした。がっしりした大柄な体軀、疾走も可能な下半身の形態からすると、おそらくは初めてサバンナに進出できたのは彼らだったのだろう。そこには、動物の死肉があちこちに転がっていたはずだ。大半はすでにハイエナに先取りされていただろうが、時には死肉に群がるハイエナを石を投げて追っ払い、横取りもできただろうし、運が良ければハイエナに先んじることもできたかもしれない。ハンドアックスは、こうした時の必須の石器であった。

ボーイは、その愛称どおり、まだ少年だった。アファール猿人のセラムよりは年齢がいっていたので骨は残りやすかったが、それにしても前述したようにその保存の良さは驚異的である。永久歯に生え替わるべき彼の乳臼歯はまだ抜け切れず、そこから細菌感染を起こしたのが死因だったようだが、旧ナリオコトメ川の土砂がそっと彼の遺体を包んだからなのだろう。ゾウか何かの大型動物に踏みつけられた形跡はあるが、ハイエナに食い荒らされることはなかった。

その保存の良さのために、亡くなったのが思春期の成長のスパートを迎える前だったことも分かった。それで推定身長一六〇センチなのだから、それまでのホミニンに比べていかに長身であったかが実感できる。前述のようにボーイが成人になったら一八五センチ前後になったと推定されているが、高身長はボーイに限った例ではないようだ。身長を推定できる他のアフリカ型ホモ・エレクトスの平均でも一七〇センチ前後なのだ。これには女性も含まれているはずだから、ホモ・エレクトスは人類史上初めての高身長ホミニンであった。

ところでボーイの属する種がハンドアックスを製作するようになっても、彼らが言語を話せたかどうか疑わしい。はるか後世のネアンデルタール人でも完全な分節言語を話せなかったらしいので、限定的な単語だけをわずかに発音できた程度かもしれない。

その推定は、ボーイの椎孔の広さが現代人の半分程度の面積しかなかったことから導かれた。椎孔とは脊髄を通す穴で、それは脳とつながっている。それが狭いということは、発話を調節する胸部筋肉の調節が限定されていたのではないか、ということになる。

†第三の発見――「湖畔のヒト」アウストラロピテクス・アナメンシス

トゥルカナ湖西岸の第三の大発見は、新種アウストラロピテクス・アナメンシスである。

そもそもこの発見は、トゥルカナ湖畔西南部のカナポイという土地で、六五年にアメリカ人古生物学者のブライアン・パターソンが上腕骨片の化石を見つけていたことに始まる。しかしリチャードが一度、その地を再訪し、調査をしてみたが、砂利だらけのひどい砂漠という悪条件もあり、放棄されて長く見捨てられていた。何しろトゥルカナ湖西岸の南端から五〇キロも内陸に入った砂漠で、一年を通じて四〇度にも達する酷暑地帯だ。湖の東岸に面したクービ・フォラよりもひどい環境だった。そのうえ当時、リチャードたちは、ナリオコトメでボーイの発掘と分析で大わらわだったのだ。

そこが、あらためて注目されたのは九四年になってからだ。八九年に野生動物保護管理局の長官に転じていたリチャードに代わって、ケニア国立博物館古生物学部門長に就いていた妻のミーヴのもとに、カナポイで化石探しをやっていたカモヤ・キメウから、「化石です。すぐ来てください」と無線電話がかかってきた。見つけられたのは、三本の歯だったが、ヒトと類人猿の両方の特徴を備えていた。

かつて上空を何度も軽飛行機で飛びながら「化石の見つかる成算はない」とみなされていたカナポイだったが、それから徹底した調査が開始された。そしてすぐに歯がついた上顎骨片、さらに重要な脛骨も見つかった。その年の調査の最終週には完全な下顎骨も見つかった。その脛骨の上端の、大腿骨を受けとめる膝の部分の表面は凹面鏡のようにくぼんでいて、このホミニンがまぎれもなく直立二足歩行していたことを示していた。後述するが年代はルーシーより古いので、この時点で直立二足歩行が確かめられたホミニンとしては、最古の例となった。

翌年の『ネイチャー』九五年八月一七日号でミーヴらは、数年前に東岸のアリア・ベイで見つかっていた下顎骨片も含め、この標本群を新種「アウストラロピテクス・アナメンシス」と名づけてお披露目した。「アナム」とは、地元のトゥルカナ語で湖という意味だ。報告では、その三〇年前に見つかっていた上腕骨片も、年代が似ていたのでアナメンシスとされた。これから考えると、腕はかなり長かったようだ。

歯にも見られたが、原始的特徴と新しく進化した派生的特徴とがモザイク的に組み合わさっており、その態様でアナメンシスはアファレンシスともラミダスとも異なる。

カナポイの脛骨からは洗練された直立二足歩行が確認されたのに、上腕骨片はかなり原始的で、なお木登りがうまかったことを想像させる。捕食者からの攻撃を避けるために樹上で眠り、起きて採食行動をしている時も大半を樹上で過ごしていたに違いない。しかし森と森との間は、アファレンシスのように多少は不安定ながらも直立二足歩行で闊歩していたのだろう。今ではカナポイはトゥルカナ湖岸から遠いが、当時は大トゥルカナ湖の湖畔に位置していた。だから「アナメンシス」なのだが、「湖畔のヒト」にふさわしく彼らは歩いて水を飲みに来ていたのだろう。

年代も、アナメンシスの進化的位置を示すように、アファレンシスとラミダスの中間であった。アルゴン－アルゴン法で、模式標本となった下顎骨（KNM－KP29281）は四一七万～四一二万年前に位置づけられ、アリア・ベイ標本も含めると、アナメンシス化石群は四一〇万～三九〇万年前になるという。

†エチオピアでもアナメンシスが見つかる

トゥルカナ湖周辺のアナメンシスの仲間は、エチオピアでも確認された。ミドル・アワシュで活動するホワイト隊が見つけたもので、成果は『ネイチャー』〇六年四月一三日号で発表された。両地域は約一〇〇〇キロ離れているが、大きな地理的障壁はないので、エチオピアで見つかるのも当然と言えば当然で、分布域の広域化は、この種が東アフリカ全土どころか南アフリカにまで拡散していたことを推定させる。ちなみにアナメンシスのいた四〇〇万年前頃という年代には、ラミダスも消え去り（絶滅したと思われる）、まだアファレンシスも現れていなかった「空白の時代」である。

見つかったのは、ミドル・アワシュのアラミス第一四地点に広がるアジャントーレ層群から出た一個体の上顎骨（ARA－VP－14標本）、そしてその西方約一〇キロにあるアサ・イッシーの同年代の層から出た最低八個体分の歯、成人右大腿骨（ASI－VP－5／154標本）など三〇点だ。アジャントーレ層群の年代はアルゴン－アルゴン法で約四一二万年前とされるから、ARA－VP－14上顎骨とアサ・イッシー標本群の年代は、四一〇万～四二〇万年前と推定された。ホワイトたちが、これらをアナメンシスと判定したのは、形態的、年代的にラミダスとアファレンシスの中間に位置づけられ、またカナポイで見つかっているほぼ同年代の

ミドル・アワシュ（アン・ギボンズ『最初のヒト』より）

アナメンシス標本と似ていたからだ。

個別に見ても、新化石はトゥルカナ湖周辺のアナメンシスと共通点が多かった。アラミス第一四地点の上顎骨は、カナポイのKNM－KP29283上顎骨よりもやや小さいけれども、解剖学的によく似ていた。また歯も、アナメンシスの変異内に納まった。

アサ・イッシーの三本の犬歯の大きさも、トゥルカナ湖のアナメンシスの変異内にあり、臼歯に対する犬歯の大きさも、カナポイのアナメンシス二例と並ぶかやや大きいだけで、ラミダスとアファレンシスの中間に位置づけられた。歯は、個体に対する環境の影響が最も表れにくい部分なので、これもまたアナメンシスとの共通性を示すものと言える。

†ラミダスからアナメンシスへの急速な移行？

ところでカナポイでもアリア・ベイでも、アナメンシスの大腿骨は出ていなかった。もし見つかれば、アファール猿人のルーシーと似ているだろう、と当然に予想できた。その待望の大腿骨が、アサ・イッシーで見つかったのだ。予測どおり、最古のアウストラロピテクス大腿骨という勲章を持ったこの標本は、サイズこそやや大きいもののルーシーの左大腿骨とよく似ていた。おそらくアナメンシスはアファール猿人とさほど変わらない歩行様式で、したがって似たような環境で暮らしていたと想像される。

実際、ホミニン化石の出土地であるアサ・イッシーのVP-2地点とVP-5地点では、ホミニン化石に伴って五〇〇点を超える脊椎動物化石が見つかっているが、湿度の高い、森林環境に分布する種が卓越していた。こうした環境でアナメンシスは、アルディピテクスよりも硬くて歯をすり減らす食物を食べる方向に適応して進化していたのだ。

ところで、アラミスのラミダスが出土する四四〇万年前の層からは、アウストラロピテクス化石は一点も発見されておらず、一方で四一〇万〜四二〇万年前のアサ・イッシーではアルディピテクスが一点も見つかっていない。このようにラミダスとアナメンシス両者の年代は、見事に重複しない。そこで、両者の関係が問題になる。

ホワイトらは、『ネイチャー』論文で、両種の関係について二つの仮説を提示した。まず、アナメンシスはわずか二〇万年という地質年代では異例の短期間内に急速にラミダスから進化したとする説だ。第二の説は、さらに古い鮮新世から後期中新世にかけてアナメンシスはアルディピテクス属かその近縁種から分岐していたという考えだ。二つの説を提示したうえで、ホワイトらは、ラミダスとアナメンシスとの間の地理的、時間的、形態的関係から考え、四四〇万年前から四二〇万年前の二〇万年間のうちに爆発的な系統的進化があった可能性がある、と前説の立場を滲ませている。種がそのように短期間に簡単に移行するものなのか分からないが、どちらにしろ新発見のホミニン化石は、東アフリカで、たった二〇万年間の短期間にアルディピテクス属からアウストラロピテクス属へと置換したことを示したわけである。

第四の発見――潰れて粉々になっていた三五〇万年前のホミニン

脇道に逸れてトゥルカナ湖西岸からエチオピアのアナメンシスに言及してしまったが、本書ではこれまで古い順に、サヘラントロプス、オロリン、アルディピテクス・カダッバ、同ラミダス、そしてアウストラロピテクス・アナメンシス、同アファレンシス、さらに一足飛びにホモ属と頑丈型猿人について簡単に述べてきた。

ホモ属と頑丈型についてはあらためて別の章で体系的に述べるが、トゥルカナ湖西岸の第四の発見を、ここで述べておく。それが新しい属であるケニアントロプス属化石だ。

ミーヴらは、アファール猿人の生息していた三九〇万～二九〇万年前のホミニン化石をトゥルカナ湖西岸でも探すべく、九八年と九九年、西岸のやや北部のロメクウィ地区の野外調査を

ケニアントロプスの頭蓋（『ネイチャー』2001年3月22日号）

行い、特に三五〇〇万〜三〇〇〇万年前に狙いを絞った。

最初の年の八月から断片的なホミニン化石が見つかり、特に左上顎骨の発見という収穫があった。ただ他はほとんど遊離歯だった。これを助走に翌年八月、調査隊はついに一個の「完全に近い」頭蓋を発見する。なおこれにカギ括弧をつけたのは、以下の理由による。

その頭蓋の写真は、〇一年三月二二日号の『ネイチャー』の表紙を飾ったが、注意深い読者ならば全体がひびだらけになっていることに気がついただろう。前に破片だらけのER1470のことを述べたが、今回の新発見はもっと悲惨だった。顔面だけで実に一一〇〇片ほどの破片を継ぎ合わせて復元されたのである。この化石は、ロメクウィ調査で唯一の頭蓋であったために、キリのよい「WT40000」（以下、「40K」と略）の標本番号が与えられた（前年発見の上顎骨破片は「WT38350」）。

その複雑な立体ジグソーパズルを組み上げた研究者に深い敬意を表するが、顔骨と脳頭蓋から成るこの頭蓋は、実は死後に強い土圧を受けてひどく歪んでもいた。細かいピースのうえに歪んでいたため、復元に長時間を要したのだという。

年代は、上下の火山灰層のアルゴン－アルゴン年代から推定できた。40Kは、三四〇万年前のトゥル・ボア火山灰層の下八メートル、三五七万年前のロコチョト火山灰層の上一二メートルの地層から出たので、約三五〇万年前と推定された。WT38350は、トゥル・ボア火山灰の上一七メートルから出ているので、40Kより新しく、三三〇万年前の値が与えられた。つまりこれらの化石群は、アファール猿人と年代的に並行するわけだ。

†平たい顔の新属新種「ケニアントロプス・プラチオプス」を設定

当然のことながら、新発見化石はトゥルカナ湖西岸のアファール猿人と思われたのだが、化石を破片から復元した後に、ミーヴらは別の印象を抱いた。アファール猿人と異なり、顔面の突出は弱く、平たい顔面という新しい特徴が見られたのだ。鼻より下は特に平坦で、また頬骨が下向きなのも目新しかった。アファール猿人の鼻孔の下は、水平方向と垂直方向に凸面上になっているのである。さらに一本だけ残っていた大臼歯の歯冠は小さかった。アウストラロピテクス属ではない、とミーヴらは結論づけた。

それでは、ホモ属なのだろうか？　ルイス以来、リーキー家の伝統は、ホモ属の系統はうんと古い段階に遡ると想定してきた。その伝統に従い、リチャードもメアリも、アファール猿人の華奢な個体は初期ホモ属だと考えていた。それは、ホワイトとジョハンソンによって否定され、単一種のアウストラロピテクス・アファレンシスとまとめられたことはすでに見たとおりだ。

しかし新化石には、脳容量が大きかった兆候は見られない。脳頭蓋はほぼ完全だったのだが、ひどく歪んでいたために脳容量は推定できなかった。ただそれでも、計測値の一つからアウストラロピテクスやパラントロプスの変異内に収まるだろうと推定できた。脳が大きくなければホモ属ではないわけで、平坦な顔面、小さな大臼歯などの進歩的特徴を認めながらも、ミーヴらは思い切ったことに新しい属「ケニアントロプス」を設定した。これはかなりの冒険であり、後にホワイトらに手厳しく批判されることになる。

新属を設定した以上、種小名も新しくつける必要がある。顔面の平たさに注目して、「プラチオプス（*platyops*）」と命名された。ギリシャ語の「平らな」を意味する「platus」と「顔」という意味の「opsis」を合成しての造語で、したがって「ケニアントロプス・プラチオプス」とは「平らな顔のケニア人類」という意味となる。歯の小ささと併せ、ミーヴらはこの新種が従来のアウストラロピテクスと異なる食性にシフトしていたのではないかとも推定した。

†ルドルフェンシスをケニアントロプス属に変更

ところで「平らな顔」で、ミーヴは自分が約一五〇片の破片から組み上げたER1470を連想することになった。二つを並べると、よく似ているように見えた。だがER1470は一九〇万年前である。40Kの推定年代三五〇万年前との間に一六〇万年もの年代差がある。しかしミーヴらは、両者に系統的つながりを認め、また古人類学者バーナード・ウッドのER1470をホモ属からアウストラロピテクス属へ移すべきだとする主張を考慮して、ER1470は「ケニアントロプス・ルドルフェンシス」とするよう提唱した。

前述したようにER1470は、アレクセーエフにさっさとホモ・ルドルフェンシスと命名されてしまっていた。ER1470をケニアントロプス・ルドルフェンシスと命名し直せば、種小名こそアレクセーエフ命名のものが残るけれども、化石名の一部はリーキー家に奪還されることになる。こうした思惑が新属名の背景にあったのかどうかは知らないが、リーキー家の執念を感じさせられる話だ。

なお、ロメクウィ調査では他にも多くの歯や顎骨片が出ており、WT38350こそ40Kと特徴が似ているとして同一種に加えられたが、他は帰属未定とされた。また『ネイチャー』報告の最後にミーヴらは、新しいホミニンがつけ加わったことにより、東アフリカの同時代の断片標本の再評価が必要とも言及した。そして「例えば」として、ジョハンソンの盟友のウィリアム・キンベルが、クービ・フォラで発見された三三〇万年前の頭蓋片ER2602をアウストラロピテクス・アファレンシスとしたことに特に触れて、その同定に疑問を呈し、類似性を考慮してケニアントロプス・プラチオプスに変更した。

ケニアントロプス属の発見で、四五〇万年前からのこの時代までに、すぐ後で述べるチャドの「アウストラロピテクス・バーレルガザリ」を除いても、人類種は三属四種となった。ケニアントロプスの起源は不明だが、この時代に人類種の新たな進化が始まっていたとも読める。

だがケニアントロプス属の設定には、〇一年にティム・ホワイトから異議が出された。歪んで、砕片から復元した標本を属の特徴とするのは不適切であり、顔が平らなのも歪みのためで、40Kなどはアファレンシスではないか、との指摘である。ただ現在のところ、ミーヴらに敬意を表してか、ケニアントロプス・プラチオプスの名はなお健在である。

†中央アフリカでもアウストラロピテクスが見つかる

三五〇万年前という時代が出たことに関連して、もう一種の猿人をここで紹介しておく。二七頁でも少しだけ触れたが、サヘラントロプスの見つかったチャドでの発見である。

チャドのジュラブ砂漠を化石探索して回っていたミシェル・ブルネは、九五年一月、バル・

エル・ガザル渓谷で何本かの歯のついたホミニン下顎骨片を見つけた。年代は、三五〇万年前頃の地層から出たので、その頃と考えられた。

この化石は、下顎骨片とはいえ、古人類学界に大きな衝撃をもたらした。なぜならそれまで二〇〇万年前以前に遡るホミニン化石は、東アフリカと南アフリカでのみ見つかっており、大地溝帯の西からは一点の発見もなかったからだ。

そのため、発見者のブルネの友人の古人類学者イヴ・コパンは、それまでヒトの起源として、ミュージカル「ウエスト・サイド・ストーリー」をもじった「イースト・サイド・ストーリー」仮説を唱えていた。チンパンジーとヒトの共通祖先からヒトの系統が初めて分岐した原因は、大地溝帯の東西での気候差だとする考えだ。その頃、大地溝帯東側では地殻変動による気候変化で熱帯雨林が消失しつつあり、共通祖先のうち東側では森を追われたことによってヒト化（ホミニゼーション）が始まったという。一方、熱帯雨林の残った西側の集団から後にチンパンジーが進化したと推定したのだ。

それは、猿人化石の発見が大地溝帯の東側（と南アフリカ）だけに限定され（コパン自身、六〇年代にチャドでホミニン化石は見つけていたが、それは古くてもホモ・エレクトスと見られていた）、一方でチンパンジーはその西側でのみ分布するという状況をうまく説明する仮説であり、ネーミングの巧みさもあってヒト化の有力仮説となった。

その仮説をブルネが発見した一つの顎骨片が大きく揺るがし、最終的にサヘラントロプスの発見がとどめを刺した。

コパンの仮説を揺るがした以上に、その小さな顎骨片は、ホミニンが三五〇万年前という大昔にすでに中央アフリカにまで進出していたことを示した点で衝撃が大きかった。切れ切れの森を伝っていったにしろ、猿人のバイタリティーの強さを実感させる大発見だった。ブルネは、メディアに、「(未発見の) 西アフリカにも猿人がいたに違いない」と語ったが、この可能性にこそ顎骨発見の真の意義がある。

その重要な顎骨片を、発見者のブルネは亡くなった旧友の名前をとって「アベル」と愛称をつけ、『ネイチャー』九五年一一月一六日号で第一報を報告した。その時点で、発見された化石はアウストラロピテクス・アファレンシスと位置づけていた。

ところが翌九六年五月、ブルネは顎骨にアファール猿人とは異なる新しい特徴を見出し、アベルを新種「アウストラロピテクス・バーレルガザリ」と設定した。新種設定には、古人類学者の間でも当初から疑問がつきまとい、アファール猿人の中央アフリカ産亜種だという批判も出されている。本書ではブルネに敬意を表してバーレルガザリを独立の種としておくが、真の決着は中央アフリカでさらに類例が出るまでつかないだろう。

第四章 南アフリカでの進化（三六〇万？〜一〇〇万年前）

【本章の視点】

　ここまで紹介してきた人類は、最古のサヘラントロプスを除くと、すべて東アフリカで発見されたホミニンだった。しかし今から一〇〇年近く前の古人類学の黎明期に、初めて猿人化石が見つかったのは現在の南アフリカ共和国においてであった。最初は正当な評価を受けることはなかったが、化石ハンターたちの尽力で石灰岩洞窟の底から次々と初期ホミニン化石が見つかり、人類進化はアフリカで始まったことを実証した。南アフリカでは、早くから華奢型猿人アウストラロピテクス・アフリカヌスと頑丈型猿人パラントロプス・ロブストスが見つかっていたが、研究が進むにつれ、初期ホモ属も東アフリカと同時期かやや遅れて出現することが分かってきた。化石包含層と年代の同定は南アフリカ特有の状況から困難を極めたが、科学者たちはアフリカ南部での人類進化を次第に明らかにしてきた。

　この豊かな発掘史に加え、二〇一〇年には新種猿人も見つかった。またこれまでで最高の完全さとなる可能性のある、種の特定されていないホミニン骨格も確認されている。

　本章では、最初の発見史を築いた先駆者たちの業績をたどるとともに、東アフリカと異なる産出状況を解説しながら、これらの猿人同士やホモ属との関係などを織り交ぜ、今もなお新化石発見が続く南アフリカでの進化史を見ていく。

†南アフリカで始まった初期人類発見史

ともすれば東アフリカの華々しい発見に隠れがちだが、初期人類発見史の幕開けは、二〇一〇年サッカーW杯が開かれた今の南アフリカ共和国（以下、南アフリカと略す）においてであった。時計の針をいったん戻して、人類史理解に欠かせない南アフリカでのホミニン発見を見ていこう。

一世紀近く昔になる一九二四年のある夏の日、南アフリカの神経解剖学者レイモンド・ダートが、石灰岩採取場タウングの現場監督から送られてきた岩塊の中から偶然にサルともヒトともつかない幼体の頭蓋を見つけ、アフリカ創世記の幕が上がった。ダートは、講義に必要なヒヒの標本を求め、かねて声をかけておいた知人から化石の入っていた木箱を受け取り、その中から思ってもみないその頭蓋を見つけたのだ。

翌年二月、『ネイチャー』誌にこの発見を報告したが、まだ人類学という学問が未成熟だったために、ダートの報告は正当な評価を受けなかった。理由の一つは、三歳くらいのこの化石の脳が四〇五ccしかなく、幼体であることを割り引いても脳がかなり小さかったからだ（成体となっても四五〇ccほどと推定された）。なお幼体なので、以後、この個体を「タウング・チャイルド」という愛称で呼ぶ。

もう一つ、ダートが『ネイチャー』にタウング・チャイルドを発表した時の命名の悪さも、評判を落とした。彼は、ヒトかもしれないと考えていたのに、「アウストラロピテクス・アフリカヌス」と名前をつけたからだ。これは、「アフリカ産の南のサル」という意味である。せめて「アウストララントロプス（南のヒト）」という属名にすべきだった。

『ネイチャー』での発表後、ダートはロンドンの古生物学界にお披露目すべく、タウング・チャイルド化石を持って渡英するが、化石を一時紛失するは、不評をかうはで、さんざんな訪問に終わった。嫌気のさしたダートは、その後、化石研究から身を引いてしまう。タウング・チャイルドが学界から正当な評価を受けるのは、それから三〇年ほどたった後のことだった。

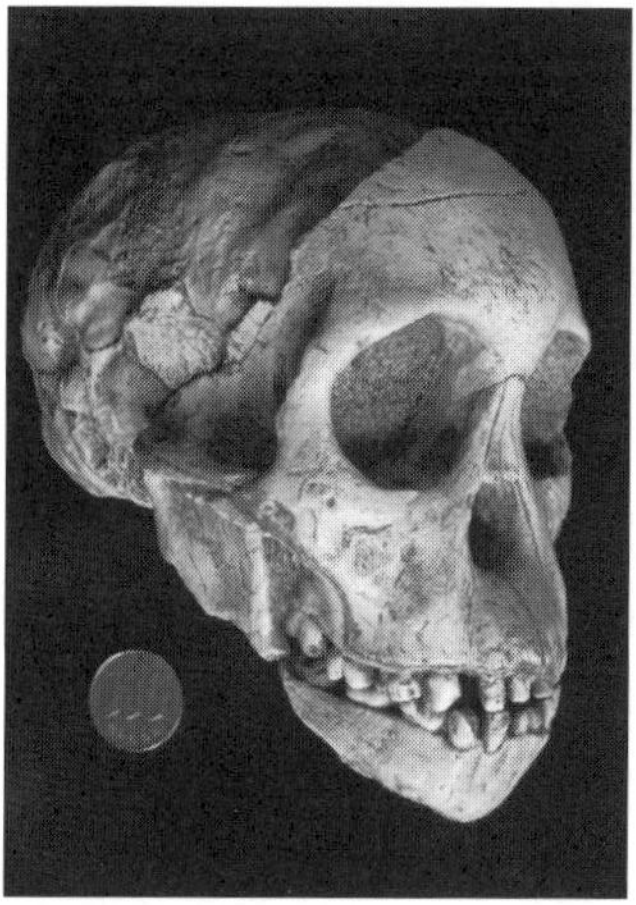
タウング・チャイルドの頭蓋。左下は100円玉。

ワシに襲われた犠牲者、タウング・チャイルド

タウング・チャイルドは、アウストラロピテクス・アフリカヌスの模式標本として重要な化石なのに、今日にいたっても発見地がはっきりしない。発見地を探索し、残りの骨格化石を回収する努力は続けられているが、いまだに成功

していないのだ。出土層位も分からないので、生息していた年代もはっきりしていない。

つい最近、タウング・チャイルドが一躍注目されるニュースがあった。〇六年に南アフリカのヴィットヴァーテルスラント大学（ヴィッツ）の古人類学者リー・バーガーが、眼窩内などタウング・チャイルド頭蓋のあちこちにある小さな穴や傷に注目し、ワシに襲われた現生霊長類の頭蓋についたものとそっくりであることに気づき、タウング・チャイルドは樹上からワシに掠《さら》われた犠牲者だろうと報告したのだ。

地上では猿人は肉食獣に襲われていた。それは、スワルトクランス洞窟で頑丈型猿人であるパラントロプス若齢個体の頭蓋にヒョウの犬歯の孔が残っていたことからも分かっていた。しかし樹上でも、空から肉食性の猛禽類に狙われていたのだ。当時の猿人の暮らしは、このように常に危険が身近にあった。おそらくタウング・チャイルドの身体はワシについばまれて骨ごと飲みこまれ、頭だけが転がり落ちて地面の石灰岩の割れ目に落ち込み、二〇世紀に石灰岩採掘に伴って掘り出されるまで保存されたのだろう。

さらに南アフリカが東アフリカと並ぶ有望な人類化石産地であることをあらためて思い起こさせたのが、一〇年四月に発表された新種猿人発見の報である。時には長い眠りにつくが、突然、覚醒することもある南アフリカ――ここが良好な人類化石産地であるのは、化石の保存に最適な石灰岩洞窟が無数に展開しているからだ。洞窟に落ち込み、あるいは肉食獣に運び込まれた猿人やホモ・エレクトスの死骸が、石灰岩中に保存された。新発見もまさにそうだった。

†少年が発見した新種アウストラロピテクス・セディバ

その新種猿人は、化石好きの男の子の発見がきっかけだった。

「パパ、僕、化石を見つけたよ!」。九歳の息子マシューの抱えた岩から突き出ている「それ」を最初に見た時、リー・バーガーはごくありふれた羚羊類の骨だと思ったという。マシューはその岩を、首都プレトリア近郊のマラパ洞窟から拾ってきた。

どれどれ、と言って、岩塊から突き出た骨を観察すると、鍛えられた古人類学者の目が光った。それはもっと重要な化石、つまり太古のホミニンの鎖骨だった。驚いたバーガーが、その岩をひっくり返すと、ホミニンの下顎骨まで岩塊から突き出ていた。

これが、一九〇万年前頃の新種猿人の保存良好な骨格化石二体が発見される端緒であった。その分析結果は、バーガーら国際的研究グループの手で論文にまとめられ、『サイエンス』二〇一〇年四月八日号に発表された。

マシュー坊やが化石を拾ってきたマラパ洞窟は、「人類の揺りかご世界遺産遺跡群」になっている石灰岩地帯に開口する洞窟群の一つだ。二〇世紀初頭に石灰岩採掘業者が洞窟を掘り散らし、投棄されていた岩塊をたまたまマシュー坊やが近くで拾い、家まで持ち帰ったのだ。その場所をマシューはよく覚えていたので、岩塊の掘り出された場所が突きとめられ、発掘調査が始まった。

岩塊中の下顎骨などと接合する骨は、洞窟内からすぐ見つかった。ほぼ完全な頭蓋と、部分骨格で、歯の萌出具合と骨端の癒合度から一二～一三歳の少年期と見られるオスの個体だった（MH1）。次いですぐそばで、三〇歳前後の成体メス（MH2）の部分骨格も見つかった。調査隊は、他にさらに少なくとも二個体のホミニン化石も見つけている。未発表の二個体は、幼児と成体メスとされる。

少年期のオスは、ほぼ完全な頭蓋のほか、腰、腕、脚、脊椎骨などもついていた。発見場所は、これまで猿人とホモの化石が多数発見され、世界遺産にも登録されている著名なステルクフォンテイン洞窟群の北東約一五キロにあり、〇八年の八月から九月にかけて、約一九五万～一七八万年前の地層から発掘された。二体は寄り添うような状態で見つかったので同時代者と見られ、親族同士の可能性もあるという。このような保存良好な化石が一度に二体も見つかるのは、極めて異例だ。

両者とも身長は一・二七メートルほどで、推定体重は少年オスMH1が約二七キロ、成体メスMH2が約三三キロと、この時代の猿人と同様に小さく、MH1の脳容量も約四二〇ccと既知の猿人並みの小ささだった。また腕は長く頑丈で、木登りに適応した特徴も備えていたことから、研究チームは新発見化石をアウストラロピテクス属に加えた。ただその一方で、顔や歯が小さく、脚が長いという派生的（進歩的）特徴や後期のホモ・エレクトスにも似る骨盤の形態など、初期ホモ属との類似性も指摘した。

チームはアウストラロピテクス・アフリカヌスより進化した新種と認定し、ホモ属の源流との意味を込め、地元部族言語ソト語の「水源」にちなみ、「アウストラロピテクス・セディバ」という新種を設定した。報告者は、セディバはアフリカヌスの子孫と考えているが、推定年代がアフリカヌスよりも新しいことも理由の一つだ。

新種ホミニンの年代は、古生物層対比、放射年代測定法、古地磁気年代法を組み合わせて求められた。二体の骨は二三六万～一五〇万年前のアフリカの動物相と共伴することから、まずこの範囲内に絞られた。次に二体は、現在は洞窟内の水の作用で露頭しているが、堆積層の下部に包含されていた。その堆積層は、ウラン－鉛系列年代測定で二〇二・六万年前±二・一万年と測定されたフローストーン（鍾乳石）の直上にあった。そしてそのフローストーンの磁気は逆帯磁しており、その上のホミニン包含層は正磁極である。ここから包含層は、一九五万～一七八万年前のオルドゥヴァイ正磁極亜帯（サブクロン）期に堆積したとみなせる——という。

†セディバにはホモ的な特徴も

ただホミニンは、地上に開口した洞窟に落ち込んだ後、洞窟内の川を流されたと考えられ、だとすれば包含層は異なるのではないかという疑いを投げかける研究者もいる。その批判に対しては研究チーム側から、骨は関節するように埋まっていたことを根拠に、死後直後にその場に埋まったと反論している。

セディバの年代推定は、アルゴン－アルゴン法という正確な「時計」試料になる火山灰層が南アフリカに分布しないための苦肉の策だが、この年代が信じられるとすれば、この頃の南アフリカで華奢型のアフリカヌスはすでに姿を消しており（三二〇万～二四〇万年前に生息と推定される）、初期ホモ属であるいわゆる「テラントロプス」が出現する直前という微妙な時に当たる。この穴を埋めるように、セディバが南部アフリカに広く分布していたとも推定できる。

バーガーらは、さらにこの骨格化石を基に、ホモ属の起源の問題にも踏み込んでいる。初期ホモ属の出現は、これまで東アフリカの二五〇万年前頃と考えられ、その具体的候補としてこの年代のアウストラロピテクス・ガルヒ（一五九頁参照）が有力とされていた。ところが今回、バーガーらはアフリカヌスとは別の新種を設定することでホモ属の祖先候補に想定し、それに異論を唱えたわけである。ただしバーガーは、かねてからホモ属の起源はアウストラロピテクス・アファレンシスではなく、アフリカヌスだと主張していたので、その点は割り引く必要があるかもしれない。実際、バーガーらは、セディバをアフリカヌスの子孫と考えている。確かに年代は、彼らの説に符合する。

ホモ的なセディバの形態は、前述したとおりだが、坐骨がアウストラロピテクス属よりも短いなど、骨盤の形は後期のホモ・エレクトスに似ているという。

ただ脳の大きさは、ホモ属と呼ぶには明らかに力不足だ。MH1の脳容積は約四二〇ccで、ホモ属とするには小さすぎる。成体メスであるMH2の頭蓋は破片のみだったので、脳容積は不明だが、バーガーらはMH1の脳は成体の九五％には達していただろうと見ているので、成体でも四五〇cc程度だった計算になる。ちなみにこれまでホモ属で最小の脳容積は、ケニア、クービ・フォラ東岸で見つかったメスのホモ・ハビリスであるER1813の五〇九ccだ。

†アフリカヌスの後継種か

セディバの素性については、百家争鳴の観がある。

アメリカの古人類学者スーザン・アントンはMH1をホモ属だと言い、ジョハンソンも下顎骨の相対的な薄さなどの特徴を挙げて初期ホモ説に賛成する。

しかしティム・ホワイトは、挙げられたホモ的とされる特徴はアウストラロピテクス属の変異内と指摘し、ホモ属のように見えるのは個体が少年期のものだからだと反論する。比較的若い年代とアウストラロピテクス系統の解剖学的特徴を考えれば、ホモ属の理解に貢献するところはほとんどない、とまで述べる。ヴィッツの古人類学者のロン・クラークも同意見で、遅くまで残存していたアフリカヌスの生き残りではないかと考える。

微妙なのは、遅くともこの頃までに東アフリカには確実に早期ホモ属が出現していることだ。二〇〇万年前に満たないセディバの年代なら、ホミニンの拡散速度の速さから、南アフリカにもホモが拡散していてもおかしくはない。例えばすぐ北方のマラウィのウラハ下顎骨（「UR501」標本）には、年代に不確定さを残すものの二五〇万年前頃という推定値がある。またエチオピア、ハダールのAL666‐1上顎骨は二三三万年前頃で、おそらくこれが最も確実な最古のホモだろう（一五五頁の補注参照）。さらに二六〇万年前に東アフリカ各地で初歩的なオルドワン石器群が作られ始めていることから、この頃に初期ホモの起源があったと考えられる。

するとセディバをホモの起源とするのは、ホモが東アフリカと南アフリカで独立に誕生したとしない限り、年代的に無理がある。ホモのような脳の拡大、歯の縮小、食性の転換といった特殊化が二度も起こったとは考えにくいので、セディバはアフリカヌスの後継種と見た方がよさそうだ。

「リトル・フット」ことStw573のように、全身を取り上げられたらその完全さで間違いなく古人類学界を瞠目させると思われる正体不明の猿人が、世界遺産となっているステルクフォンテイン洞窟群には埋まっている。この個体は木から落ちて地上に開口した洞窟穴にトラップされたと考えられるが、マラパ洞窟など南アフリカ猿人遺跡群には、このようにホミニンのみならず多くの動物化石が埋まっている。

地上から浸透した雨水で石灰岩が溶かされて陥没し形成されたマラパ洞窟の深さは数十メートルもあり、あちこちに開口した落とし穴状の洞窟に落ち込んだらしい二五種もの獣骨が報告されている。獣骨には、アンテロープ、ウマなどの草食獣の骨とともに、剣歯ネコ、ハイエナなどの肉食獣の骨も含まれている。どうしてセディバがマラパ洞窟に埋まったか分からないが、捕食者に食い荒らされることもなく、こうした環境に埋まったために、良好な状態でMH1などの遺体が保存された。だから南アフリカの石灰岩地帯に無数に存在する地下洞窟には、こうした未知のホミニンが、まだ多数、眠っているに違いない。

余談ながら最初、バーガーは『サイエンス』への寄稿論文に第一発見者の息子マシューの名も加えていたが、それは査読者に拒否されたという。

†ブルームによるアウストラロピテクス成体とパラントロプスの発見

どんな学問分野にもありえることだが、ダートの早すぎた発見が学界から受け入れられなかったことは既述した。だが一方で、彼の発見の意義を正しく受けとめた学者もいた。スコットランド生まれの南アフリカの老古生物学者のロバート・ブルームである。アクの強すぎる性格が災いし、哺乳類型爬虫類化石の研究で世界的な業績を挙げながらも、ブルームは六八歳になるまで博物館で正式なポストに就けなかった。その彼が、博物館の雑務に忙殺される二年間が終わり、間もなく七〇歳になろうという一九三六年、アウストラロピテクス探究に乗り出す決意をする。猿人研究に嫌気のさしたダートは、その頃は本来の脳神経解剖学に没頭していて、誰もアウストラロピテクス成体を発見しようと試みていなかったからだ。

ブルームの在籍したプレトリアのトランスヴァール博物館周辺には、石灰岩洞窟が無数に開口していた。それらは、一九世紀末頃から大規模な石灰岩採石場になっていて、採掘の際に時々、動物の化石が出た。彼は、プレトリアからさほど遠くないステルクフォンテインの洞窟群に目をつける。ダートの研究室をアポなしで訪れ、タウング・チャイルドを実見したが、その縁でダートの学生たちと親しくなり、二人の学生からステルクフォンテイン洞窟で化石が出ると教えられた。その二人と、ブルームはある採石場を訪ね、ジョージ・バーローという監督に化石が出ないか尋ねると、見たことがあるので探しておくという返事だった。その後、もう一度訪ねると、バーローから潰れた化石を渡された。それはブルームの探し求めていた成体のアウストラロピテクスで、探し始めてすぐの三六年八月のことだった。

この時ブルームは、監督から大腿骨遠位端（膝側の端）も含めて何点かのホミニン破片を購入したが、大腿骨の形態からこの生き物が直立二足歩行をしていたことを確信した。このホミニン化石を、彼はタウング・チャイルドに似ているが、歯に違いが見られるとして、プレジアントロプス・トランスヴァーレンシスと記載した。今日では、アウストラロピテクス・アフリカヌスの成体であることが分かっている。

翌々年の三八年六月、ステルクフォンテインを訪ねたブルームは、今度は第一大臼歯のついた上顎骨をバーローから購入した。歯が巨大で、それまでの化石と明らかに異なっていた。しかも古生物学者らしく、化石にこびりついている岩の基質がそれまでのものと違うことにも気がついた。ここに、新しいホミニンの発見の幕が開く。

ブルームは、バーローからその化石を地元の学童から手に入れたことを聞き出すと、その少年の家を訪ね、化石はステルクフォンテインと谷を隔てて一キロほど離れたクロムドラーイの洞窟で見つけたと教えられた。ブルームは、少年に現場を案内してもらい、そこでさらに他の部分の骨を発見し、一個の頭蓋を組み立てることに成功した。

その標本は、顔面がプレジアントロプスより大きく、さらに顎がいかにも強力そうで、また臼歯、特に大臼歯が大きく、現代人の親指大ほどもあった。古生物学者であるブルームは、その頑丈そうな特徴を基に、このホミニンを「パラントロプス・ロブストス」と命名した。「パラ」とは「傍系の」という意味だから、頑丈な傍系人類という名前である。

ドイツ、フェルトホーフェル洞窟でネアンデルタール人化石が偶然に見つかったのは、一八五六年だった（最初はヒトとは認識されなかった）。以来、一九世紀末のデュボワによるジャワ島でのピテカントロプス（後にホモ・エレクトスに分類される）の発見、そしてドイツ、マウエルでのホモ・ハイデルベルゲンシスの発見、ダートのアウストラロピテクスの発見に次ぐこれが第五のホミニン、すなわちパラントロプス・ロブストスの発見だった（TW1517標本）。

†大戦で中止された探索

このように証拠が積み重なってくると、さすがに古人類学界もアウストラロピテクスやパラントロプスをヒトの系統だと認めざるをえなくなった。

最初のダートのタウング・チャイルドが概ね否定されたのは、小さすぎる脳が最大の障害だった。当時の未分化の人類学界の常識では、ヒトの閾値は解剖学者アーサー・キースの提唱する「脳容量七五〇cc以上が必要」というものだった。しかも、一九一二年に学界に報告されたピルトダウン人という捏造標本が、まさにその要求に合致していた。

オランウータンの下顎と近世人の脳頭蓋を巧みに組み合わせた紛い物であるピルトダウン人は、下顎から当然に古代的に見え、人類の祖先らしく作られていた。それでいて近世人だから当たり前なのだが、脳頭蓋は現代的に高く盛り上がっていて、脳容量も一〇七〇ccと推定された。しかも栄光ある大英帝国での「出土」である。解剖学界と古生物学界の大立者が揃って騙されたのも、当時の漠然とした常識に合致するようにでっち上げられていたからである。

ピルトダウン人が正統とみなされれば、脳が半分以下のアウストラロピテクスが人類の系統に位置づけられる余地はない。しかも発見地は、当時遅れた蛮地と考えられていたアフリカだ。

当時の学問の中心だったイギリスはそうした「常識」に支配されていたが（なかには、ル・グロ・クラークのように、アウストラロピテクスを人類の祖先と認め、タウング・チャイルドの実物を見るために船に乗って南アフリカまでやって来た学者もいたけれども）、新興のアメリカでは次第にアウストラロピテクスを人類と認める見解が強まっていた。ブルームが、証拠を提出し続けたからである。

ジョン・ロビンソンという若い動物学者を助手に加え、さらに証拠を求めてのブルームの化石探索は、しかし第二次世界大戦の勃発で中断された。遠く離れた南アフリカにも大戦の影響は及んだのである。

†戦後の発掘で、完全な頭蓋や体の骨も見つかる

待ちかねたように、戦後間もなくの四七年、すでに八〇歳になっていたブルームはステルク

フォンテインの発掘を再開した。ただ、そこにちょっと邪魔が入った。文化財や古人類学の保存を担当する歴史的記念物委員会から、発掘に待ったがかかったのである。表向きの理由は、ブルームが洞窟内の層序を無視して発破をかけて化石を探していることを咎めたのだが、ブルームが古生物学者たちとあちこちで悶着を起こしていたことがその背景にあった。ブルームは、それでもかまわずステルクフォンテインの発掘を強行し、差し止められるとクロムドラーイに拠点を移した。

発掘に発破を使って「遺跡を破壊している」と非難されたのは、ピックやシャベルでは歯が立たないほど骨を含む岩が硬かったからである。洞窟内の地層は、あちこちから落ち込んできた砂礫、骨、ゴミが入り混じり、しかもそれは砂時計のような円錐状の盛り上がりをあちこちに形成していた。さらにそれが崩れ、時には洞窟天井の岩盤が崩落し、それらがセメントみたいな石灰岩で固められてガチガチの角礫岩となっていた。後にブルームの仕事を引き継いだトランスヴァール博物館のチャールズ・K・ブレインが、動物相などを手がかりに苦心して層序に分けたが、ブルームの時代にはそんな手法はまだなかった。

四七年末までに、ブルームたちは第二次大戦前を上回る多くの標本を掘り出した。その中で特筆すべきは、四月一八日と八月一日の発見だろう。

前者は、ブルームはプレジアントロプスに分類していたが、後にアフリカヌスの頭蓋とされた標本で、ダイナマイトの硝煙がまだ立ちこめる中で見つかった。角礫岩に閉じ込められた化石は爆風を受けて真っ二つに割れていたが、ブルームらがクリーニングするとほぼ完全に近い成体メスの頭蓋が現れた。この頭蓋Ｓｔｓ５標本は、プレジアントロプス（*Plesianthropus*）の最初の四文字を取って「Mrs. Ples」（プレス夫人）と愛称されている。

八月一日の発見は、もっと凄いものだった。発破で砕けた角礫岩の中にアフリカヌスの大腿骨や椎骨などが封入されていたのである。Ｓｔｓ１４と標本番号をつけられたこの骨は、実験室でクリーニングを行うと、アウストラロピテクス一体分のほぼ完全な左右の寛骨、連結した脊椎骨一五点、四個の肋骨、そして大腿骨遠位端が現れた。これまで歯や頭蓋はたくさん見つかっていたが、体幹部の発見は初めてで、これによりアフリカヌスが直立二足歩行をしていたことが疑いなく実証された。

驚異的なことに、このＳｔｓ１４標本では脊柱の下部を構成する腰椎六個が完璧に保存されていた。もちろん猿人で腰椎は初めての発見だったが、そもそも化石人類で朽ちやすい腰椎が残っていることはめったにない。あのルーシーですら存在せず、後に発見されたトゥルカナ・ボーイが、ネアンデルタール人とホモ・サピエンス以外の古人類では二例目となったのである。発見時もボーイが六個の腰椎を持っていたことが注目されたが、アフリカヌスのＳｔｓ１４標本の腰椎も六個あった。ちなみに現代人でも稀に六個の腰椎を持つ人はいるが、九六％の人は五個である。他に、非公表の南アフリカの標本でも六個あるというから、どうやら猿人やホモ・エレクトスなど初期人類の腰椎は、六個だったらしい。

†スワルトクランス洞窟での頑丈型猿人とホモの発見

翌四八年一一月、飽くなき化石ハンターのブルームは、ステルクフォンテインとクロムドライではあきたらないかのように、ロビンソンとともにステルクフォンテインの西方一キロほどのスワルトクランス石灰岩洞窟の発掘に着手した。

今度も運はついていた。調査を始めると、二人はすぐに当たりを得た。成体の頑丈な下顎骨半分で、それには五本の臼歯もついていた。SK6と標本番号がつけられたそれをブルームは、「パラントロプス・クラシデンス」と命名した。骨体が頑丈で、まるでボルトのように大きい、エナメル質の厚い歯を持っていたから、ラテン語で「分厚いエナメル質の歯を持った傍系人類」という意味の名前をつけたのである。しかし今では大半の古人類学者は、SK6をパラントロプス・ロブストスだとみなしている（少数だが、独自の種クラシデンスに位置づける研究者もいる）。

四九年、南アフリカの人類発見史に画期的展開があった。ブルームとロビンソンの二人は、今までの骨よりずっと華奢で、しかし歯はアフリカヌスと違う二個の顎骨を発見したのだ。それらを二人は「テラントロプス・カペンシス」（「ケープ地方の遠いヒト」の意味）と命名した。猿人と真の人類の中間的存在と考えたからで、後にブルーム没後に研究を引き継いだロビンソンは、ホモ・エレクトスに配置換えした。その後、東アフリカのホモ・エレクトス（ホモ・エルガスター）との一致が確認されたが、一部には異なる点も指摘されている。しかし、テラントロプスがホモ属であることは間違いない。

これにより、南アフリカでも初期ホモ属が存在していたこと、多少とも時期は異なったとしても同じ洞窟遺跡に二種の人類が共存していたことが明らかになったわけだ。

テラントロプスの姿は、リーキー夫妻の助手だったロン・クラークの手で七〇年に具体的な姿を現した。スワルトクランスの層位は、トランスヴァール博物館のC・K・ブレインによって後に詳細に解明されるのだが、彼の分層した第二層出土の顎骨は、実はパラントロプスとされていた顔面破片と側頭骨の一部と接合し、ホモ属の単一個体の頭蓋左半分になることがクラークによって示されたのだ（SK847標本）。

それより先の五一年、最後まで生涯現役を貫いたブルームが八四歳で世を去るが、スワルトクランス発掘はロビンソンが後を引き継いだ。だが発掘は、一年後には休止し、その後、洞窟は長く閉鎖されることになった。その頃までに首から下の骨や骨盤の一部破片を含め、大量の化石が集まっていて、その整理に追われたのだ。重要なのは、当時はほとんど注目されなかったけれども、化石とともに石英製の石器も大量に回収されていたことだ。これは、スワルトクランス洞窟の研究に一つの刺激を与えることになる。

閉鎖されていたスワルトクランス洞窟は、ブルーム生誕百年に当たる六六年、C・K・ブレインによって発掘が再開されたが、ステルクフォンテイン洞窟も同じ状況で、こちらも同年、ヴィッツにより発掘が再開された。それを述べる前に、もう一つの古典的遺跡マカパンスガットとその他の遺跡に簡単に触れておく。

†南アフリカ最古の洞窟でのアフリカヌスの発見

老体ブルームの活躍は、アフリカ古人類学の世界に曙をもたらしたダートを刺激した。タウング・チャイルドのトラウマからか、地元の教師からトランスヴァール北部の石灰岩採掘場マカパンスガットから拾い出された化石を送られてきても、彼は動こうとしなかった。戦後すぐに考古学者たちが近くのケイヴ・オブ・ハースで発掘調査を開始し、そのついでに何人かが廃鉱となっていたマカパンスガットを訪ね、そこに打ち捨てられた角礫岩の山の中から化石を見つけるまでは――。

化石が出ることを聞きつけ、ダートがついに重い腰を上げたのは四七年だった。調査は、角礫岩の山から手で化石を選別するというものだったが、その格闘の中から、最終的に何千点もの化石を見つけ出した。ただ多くは獣骨で、ホミニン化石はとりたてて多くはなかった。後にロン・クラークが精査すると、ホミニン化石はせいぜい八個体分にすぎなかった。頭蓋破片と顎骨などで、完全なものは少なかった。かつてハイエナが洞窟に入り込み、食物滓の骨を残したと見られた。

ダートは、華奢なホミニン化石に、アウストラロピテクス・プロメテウスという大仰な名をつけた。マカパンスガット出土の骨が黒ずんでいたため、ホミニンが火を使っていたと考えたからだが、それは自然のマンガンが付着していたのを見誤ったものだ。今日、このホミニンはアフリカヌス猿人に分類されている。

マカパンスガットは、その後ダートが、ハイエナが持ち込んだにすぎないバラバラの獣骨を根拠に、「骨歯角文化」という奇妙な説を主唱し、そこから「血塗られた攻撃的猿人」のイメージがばらまかれ、その面で有名になってしまった。猿人は、洞窟内に持ち込んだ動物の大腿骨を棍棒にして、角を刺突用ナイフとし、歯のついた顎を肉を切り裂くのに用いたというのが「骨歯角文化」なる考えだが、それが誤謬だと後にブレインが細密な検証を経て訂正するまで、広く一般にも常識として通用していたのである。

ホミニンの出るマカパンスガット第三層は、後述するステルクフォンテイン第二層を除けば、南アフリカ猿人遺跡で最も古いと見られている（一三九頁の図参照）。主に古生物を基にした対比による推定年代だが、古く見れば三〇〇万年前になるかもしれない。唯一、古地磁気年代が提出されていて、それによると三〇三万〜二五八万年前という。

†ドリモーレンの頑丈型猿人とホモ

南アフリカの主要猿人遺跡を初期発見のものから見てきたが、あと二カ所、簡単に見ておく。ステルクフォンテイン、スワルトクランス、クロムドラーイのある一帯は、その重要性から、一九九九年、ユネスコによって「人類の揺りかご」世界遺産に宣言された。実際、上記三遺跡からやや北方になるが、二〇世紀末に近くのグラディスヴェール洞窟でアフリカヌスとホモの化石が出ている。

ここよりやや南方、ステルクフォンテインから見て北北東約一〇キロのドリモーレンでは、一九九二年の発見以来、一〇〇個体を超えるパラントロプス化石群が出ている。その中でも出色は、一九九四年一〇月に発見されたメスの完全に近いパラントロプス頭蓋とその傍らで見つかったパラントロプスのオス下顎骨で、動物相がスワルトクランス第一層と酷似するところから、年代は一八〇万〜一五〇万年前と見られる。

注目すべきは、スワルトクランスと同様、ここからも破片だがホモ化石が出ていることだ。おそらくホモ・エレクトスか、南アフリカ独自のホモだろう。東アフリカでは、この頃のホモ・エレクトスが各地で盛んに出土する。その出土点数から見て一五〇万年前頃の東アフリカではホモ属優位となっていたように思えるが、南アフリカではまだホモは少数派に留まり、パラントロプス優位の世界だったのだ。

ドリモーレンの発見者にして調査者である南アフリカの地質学者アンドレ・カイザーは、スワルトクランスでも以前に確認されていた、先端を尖らせた骨器も見つけている。パラントロプスがアリ塚からシロアリを獲ったり、根茎類を掘ったりした道具と考えられている。

†五つの層に分層されるスワルトクランスの角礫岩

南アフリカの猿人遺跡の特徴は、東アフリカが開地であるのと異なり、石灰岩洞窟という点にある。遺跡一帯には石灰岩層が広大な範囲で分布し、昔は石灰岩の採掘場となっていた。この洞窟を探せば、いくらでもホミニン化石は出てきそうである。実際、六六年に発掘調査の再開されたスワルトクランスとステルクフォンテインで、その後も重要な発見が相次いでいる。

スワルトクランスでロビンソンの調査を受け継いだブレインの功績は、角礫岩に楔を打ち込み、重いハンマーとノミを使って手で岩を割っていくという方法で発掘を進め、化石の層位を確かめ、スワルトクランスの成り立ちを明らかにしたことだ。彼は、スワルトクランスの角礫岩層の複雑さにさんざん悩まされたが、五つの部層に分層できることを突きとめた。そのうえで、洞窟形成のストーリーを以下のように復元した。

表土の下の硬いドロマイト（苦灰岩）の岩盤に、まず表面から雨水が浸み込む。雨水には二酸化炭素が溶け込み、わずかに酸性を呈しているから、ドロマイトが少しずつ浸食され、岩盤に亀裂（フィッシャー）が生じる。その一方、地下水でもわずかずつ浸食されて、地下に空洞が造られる。この空洞にフィッシャーが達すると地上と通じ、そこから土砂、ゴミ、そして動物の死骸・骨、時には落とし穴にはまった生きた動物が落ち込んでくる。

亀裂が次第に大きくなって狭い縦孔となると、流れ込む土砂、ゴミ、骨なども多くなり、地下空洞の床面に円錐状の堆積層が形成される。こうして出来た堆積層は、雨水中の炭酸カルシウムが析出したフローストーンでコンクリートのようにガチガチに固められ、土砂混じりの岩層、つまり角礫岩となる。最初に形成されたこの堆積層が第一層で、古くは一八〇万年前にまで遡るようだ。この第一層は、動物骨を含みつつ土砂を厚く積もらせ、しかも空洞内広くに拡大していく。あちこちの縦穴も、同じように第一層を形成していき、面的に広がったそれらは全体的には合体し、中のゴミや骨は石灰岩で固められる。

ただ複雑なのは、円錐の上に落ちてきた骨や生きた動物はそのまま円錐の下まで転げ落ち、そこで新たな堆積層を形成していくので、第一層にしたところで下が古く上が新しいとは言い切れないことだ。あちこちで崩落した天井岩がこれに加わり、その結果、一部は地上に開口して地下の空洞は洞窟となった。

およそ三〇万年かけて空洞部を満たした第一層角礫岩は、新たに出来た縦穴から浸み込んだ雨水で再び浸食されてあちこちで分断され、縦穴や地上に開口した洞窟入口から落ち込んできた土砂や骨がその間に溜まり、第二層の形成が始まる。だから新しい第二層より上にも古い第一層が取り残されることもある。そして第二層や先に出来た第一層がまた浸食され、さらに第三層の形成が始まる……。

これより新しい第四層、第五層も後に形成されたが、両層はずっと新しいので、ここでは言及しないでおく。これら五つの部層が形成されていく末期に、洞窟の天井は完全に崩壊してなくなり、石灰角礫岩が地上に露出し、ここでも上から浸食が起こっていく。近代になって鉱業的石灰岩採掘が始まると、そこに埋納された化石が発見されることになるわけだ。

†頑丈型のパラントロプスにホモが共存

古生物学者や地質学者を動員してのブレインの努力で、スワルトクランスの成り立ちが復元されたが、火山灰がないため、アルゴン－アルゴン法が適用できず、各層の年代もかなりの幅をもってしか決められていない。しかしそれでも、第一層はドリモーレン堆積層とほぼ同時期の一八〇万～一五〇万年前、第二層と第三層は一五〇万～一〇〇万年前と推定されている。やや古い第二層と新しい第三層との年代差は、わずかなのだろう。

注目のホミニンは、この三つの部層のすべてから出る。点数は数百標本にも達するが、わずかの手骨と骨盤の一部を除けば、ほとんどが頭蓋片と歯で、発見されたばかりのマラパ洞窟のホミニン産状とは異なる。前記のテラントロプスSK847や一九五〇年発見のパラントロプスSK48はその中で最も保存の良い頭蓋に属する。

ホモ属化石は、第一、第二の両部層から出るが点数は少なく、六個体程度だ。しかし三つの部層すべてから出るパラントロプスは、第一層で一〇〇個体を超すが、後はホモを少し上回る程度に減る（微妙な年代差はあるだろうが、南アフリカでも両者は共存していたことが分かる）。しかしアフリカヌスが一点も出ないことに注意していただきたい。

さらに注目に値するのは、ホミニン化石だけでなく、石器と骨器という文化遺物も出ていることだ。石器は、進歩的オルドワン文化で、第一から第三までの三つの部層全部から出る。その間に、ほとんど型式変化が見られない。おそらく第一層と第二層に骨を残したホモ属の所産だろうが、製作時の石屑などが見られないので、現位置にあったものではなく、洞窟入口近くで製作された石器がゴミなどとともに落ち込んで再堆積したと考えられている。

先端を尖らせた骨器も、数は少ないが、三つの部層すべてから数十点ずつ出ている。考古学者は、こちらは石器を作れなかったパラントロプスの所産と考えている。用途は、ドリモーレンと同じだ。肉食に転換していなかったパラントロプスには、石器は無用の長物だったけれども、根茎類やシロアリ採りに土を掘る骨器は必須だった。

†火の管理を始めていたホモ

上記のように骨が角礫岩に封入されたのならスワルトクランスの保存環境は良好なはずだが、出るのはほとんど断片で、完全に近い骨格が出ないことが不思議である。しかも首から下の骨はわずかの例外を除くと、ほとんどない。それはなぜか。

ブレインは、ヒョウの生態を観察し、ヒョウの所産と突きとめ、ダートの想定した骨歯角文化を否定した。ヒョウは、ハイエナに横取りされるのを防ぐために、獲物を木の上に持ち上げて保存し、樹上で食べる。そのうえで、前述したパラントロプス若齢頭蓋にヒョウの犬歯の痕が残っていたことも根拠に、ホミニンはヒョウなど肉食獣に狩られた犠牲者だったと考え、八一年にシカゴ大学出版局から出した大部の著書の中で、こう述べた。「ヒトは狩猟者ではなく、狩られた側だったのだ」と。ホミニンなどの動物の骨は、樹上から落ちたヒョウの食べ残しで、それが縦穴から洞内に落ち込んだのだ。また一部は、ハイエナに運び込まれたものもあったろう。だから、揃った骨格は出ない。

ブレインのこの考えは、今では古人類学者の常識だが、骨歯角文化説の影響が専門家の間になお残っていた当時としては画期的な考えだった。もっとも後にブレインは、スワルトクランスに大量の石器が残っていることから、ホミニンは寒さを逃れて洞窟に野営し、奥に潜んでいた肉食獣に襲われた犠牲者だと、考えを微修正している。ただそれでも初期人類が肉食獣の犠牲者だった事実には変わりはない。アフリカのサバンナで暮らすのは、今も昔も危険なのだ。

だが狩られるばかりだったホミニンも、ホモ属のある段階で防御手段を発展させた。

スワルトクランス調査でのブレインの挙げたもう一つの業績に、ここで初めて初期人類の火の使用を科学的に明らかにした点がある。第三層の角礫岩中から回収した五万点余りの獣骨片のうち、たった〇・五％ほどだが、二七〇点の骨が焼けていたのだ。そこであらためて第一層と第二層の獣骨を調べると、焼けた骨はなかった。

サバンナではしょっちゅう野火が発生するが、野火で焼死した動物が持ち込まれた可能性はないのか。ブレインは、実験を行って確かめたところ、残留していた骨は野火の場合よりもキャンプファイアーで焼けた状態に最も近かった。さらに焼けた骨の出土地点を観察すると、平面的、垂直的に集中して分布していた。野火で焼死した動物遺体が持ち込まれたり、洞窟内での自然発火で焼けたのだったら、骨は満遍なく分布するはずだ。

ただ奇妙なことに、この第三層だけからホモ属の化石が出ていない。だが、ここでホモが死ななかったとしたら、骨がなくとも不思議はない。ブレインは、第二層から第三層の移行期に、ホモ属(おそらくはホモ・エレクトス)が火の管理を始めたのだろうと推定している。野火から採火した火を、大切に維持していたのだろう。年代にすれば、一〇〇万年ちょっと前頃だったろうか(補注 二〇一二年には南アフリカ北部のワンダーウェーク洞窟でも一〇〇万年前頃の火の使用の証拠が確認された)。火を使った目的は、直接的には肉を焼いたのだろうが、肉食獣からの身を守り、冬季の暖をとる目的にも使われたに違いない。ここからも、一時期、スワルトクランスはホモの住み処にもなっていたことがうかがえるのである。

†発掘再開されたステルクフォンテインでの膨大な発見

スワルトクランスと同じ年の六六年に発掘が再開されたステルクフォンテインでは、ブルーム生誕百年を記念して、ヴィットワーテルスラント大学のフィリップ・トバイアスとアラン・ヒューズらの手で調査が進められた。

それ以来、膨大なホミニン化石の蓄積が進み、今日まで未整理のままのものを含め、合計六七〇個体分ほどにも達しているという。ホミニン包含層の年代幅は、最古のステルクフォンテイン第二層(三五〇万年前頃か)から第五層下部の約一五〇万年前まで、最長で二〇〇万年間ほどに達する。さらに注目すべきは、ここでもホモと共存するのだが、その層から数千点ものオルドワン石器とアシューリアン石器が出土していることだ。長い間、ステルクフォンテインは華奢なアフリカヌスを出す洞窟として知られていたが、それは一面的な見方で、多数種のホミニン化石と石器群を出す複合遺跡なのである。

例えば、ブルームがステルクフォンテインを初めて訪れた四〇周年記念日に当たる七六年八月九日、アラン・ヒューズによって第四層（二六〇万〜二〇〇万年前）から発見されたStw53頭蓋は、最古のホモ属に含まれると考えられている。

最初は、原始的な石器を伴うと考えられ、またバーナード・ウッドの分類を受けてホモ・ハビリスとみなされた。ところがオランダ出身の解剖学者フレッド・スプアの内耳の研究によると、この標本は二足歩行はしていたものの、むしろアフリカヌスよりも二足歩行には適応していなかったという。また出土層位の精査によって、実際にはStw53は石器包含層と異なることが判明した。ロン・クラークによれば、解剖学的にはハビリスよりもアフリカヌスの方に似ているともいう。ホモ・ハビリスとすれば、マラウィ、ウラハのチワンド層出土の下顎骨がホモ・ハビリスだとされており、Stw53よりいくぶん古いので、この系統の可能性がある。

ステルクフォンテインで最も注目される化石と言えば、同洞窟群の一つのシルベルベルク洞窟の角礫岩の中にいまだに埋もれているStw573（「リトル・フット」）骨格であろう。クラークらのチームが、貴重な骨格を損ねないように慎重に取り上げ中のため、なお全身骨格は全貌を見せていない。しかしすべて取り上げられれば、これまでに見つかったトゥルカナ・ボーイ以前の骨格では最高に完全なものになる期待が大きい（補注　二〇一三年前半に完全に取り上げられた）。

Ｓｔｗ５７３がどのようなホミニンかまだ分からない。なぜなら、ステルクフォンテイン洞窟を有名にした約六七〇個体分ものホミニンと異なり、この化石がさらに古い第二層出土だからだ。これらのホミニンは、大多数がアフリカヌスだと見られ、出土層位は第四層に集中している。第四層は前記のように二六〇万〜二〇〇万年前と見られるから、三〇〇万年前頃かそれよりさらに古い可能性が高い。新しい第四層にしたところで、出土ホミニンはアフリカヌスだけではなさそうだ。例えばＳｔｗ２５２は、アフリカヌスとは思えない奇妙なホミニンである。Ｓｔｗ５７３に触れる前に、一足先に見つかったＳｔｗ２５２標本の方から述べていく。

†前歯も臼歯も大きい謎の標本

断片的な頭蓋Ｓｔｗ２５２は、八四年六月、アラン・ヒューズによって発見されたが、洞窟深くから掘り出されたので、他のアフリカヌスよりは古そうだと見られている。上顎歯列と上顎骨はかなりよく残っているが、角礫岩に埋まっていた割には顔面部や脳頭蓋はごく一部しか見つかっていない。

良好に保存された上顎歯列から、このホミニンの特異性が浮かび上がってくる。まず前歯はかなり大きく、ステルクフォンテイン出土の全ホミニンはもとより、南アフリカ出土のあらゆるホミニン個体よりも大きい。特に犬歯は、類人猿を思わせるほど大きく、先端が尖っているところが臼歯もまた、頑丈型を連想させるほど大きいのだ。その大きさは、華奢なアフリカヌスの変異の範囲外にあるから、パラントロプスとすればしっくりする。だがパラントロプスなら、前歯の大きい点が不都合である。パラントロプスは硬い食物に適応して極限まで臼歯を大きくしているけれども、前歯は小さいのだ。

この標本を研究したロン・クラークは、パラントロプスに進化する以前の人類ではないか、と考えた。年代ははっきりしないが、第四層の下部とすれば二五〇万年前頃になる。仮にその年代なら、東アフリカのパラントロプス・エチオピクスの頃と一致する。

その目で見れば、前歯も臼歯も大きかった初期型パラントロプスであるブラック・スカルに似ている。ただそれにしては、Stw252のちょうど残った頭頂部には、ブラック・スカルにある隆々とした矢状稜が欠落している。矢状稜は、強大な咀嚼筋が付着するアンカーであり、パラントロプス、特にブラック・スカルでは顕著に発達している。矢状稜が存在しなければ、ブラック・スカルとは異なるし、臼歯が大きなことにそぐわない。矢状稜の発達も臼歯の大きいことも、強大な咀嚼力の反映だからだ。

パラントロプスでないとすれば、アフリカヌスなのか。それとも、東アフリカ起源のアファール猿人が南アフリカまで分布してきて、本体の東アフリカで絶滅した後も、なお南アフリカで生き残っていたのだろうか。

だが前歯が飛び抜けて大きいことは、臼歯が大きい点とともにいずれの可能性も否定する。ただアファール猿人と似ているところは、確かに存在する。特に古代性を表すかのような犬歯が大きな点は、アファール猿人的である。また上顎の犬歯と第三小臼歯の間に、ディアステマ（歯隙）があり、この点でもアファール猿人と類似する。だがアファール猿人の臼歯は、Stw252と比べればずっと小さいのだ。

解釈を難しくしているのは、この一標本を除くと、歯から想定されるような頑丈型のパラントロプス化石は、南アフリカでは新しくならないと出現しないという事実である。アフリカヌスの出るマカパンスガット第三層とステルクフォンテイン第四層は、いずれもホモと共存するパラントロプスの出る他の遺跡や層位よりずっと古い。だから研究者によっては、南アフリカのパラントロプス・ロブストスは、東アフリカのエチオピクスやボイセイと系統的関係はなく、アフリカヌスが頑丈型へと進化した種だと考える人もいる。つまりStw252は、パラントロプス・ロブストスの祖型とは考えにくいのだ。

類例が出て、前歯と臼歯が共に大きいことの説明がつくまで、Stw252の帰属は不明のままで保留され続けるだろう。

†把握能力を持った足、リトル・フットの発見

Stw252よりさらに古いホミニン、したがって南アフリカ最古のホミニンの候補となりそうなのが、先のリトル・フットことStw573である。硬い角礫岩の中に封入されており、今も少しずつ慎重に取り上げ作業中なので、詳しい身体的特徴はよく分からない。

その発見は、偶然だったけれども、科学者の注意がなければずっと見過ごされていただろう。ことの発端は、九二年一〇月、ステルクフォンテイン洞窟群の一つのシルベルベルク洞窟に発破をかけて出てきた巨大な角礫岩塊の中に、肉食獣とサルの化石が混じっていることにロン・クラークが着目したことだ。普通なら、羚羊類化石がたくさん見られるのだがそれがなく、クラークは調べてみる価値があると考えた。それからは、石灰岩の採掘されていた一九二〇年代から三〇年代に鉱夫が集めたガラクタ入れを、暇をみては漁り回った。

二年後の九四年九月六日、一四年前に大まかに整理され、「ゴミ20」とラベルが貼られたまま遺跡貯蔵庫に放置されていた、化石の入った小さな段ボール箱を調べ、肉食獣と思われていた中に思いがけなくもヒトの左足の一部を見つけたことが急展開を呼ぶ。それらは、くるぶしや中足骨など四点で、すべて同一個体のものだった。

クラークと共同研究者のトバイアスは、連名の論文「ステルクフォンテイン部層二の足の骨、

南アフリカ最古のヒト科」(『サイエンス』九五年七月二八日号)で、思いがけないこの発見を世界に発信したのである。その時の論文では、根拠薄弱ながら、年代は「おそらく三五〇万年前」と述べている。もちろん第二層であれば、それくらいはいくだろう。クラークは、この化石にStw573のカタログ番号をつけ、愛称を「リトル・フット」とした。中足骨などから足が小さいと推定されたからであり、また伝説の類人猿「ビッグ・フット」に対比させたネーミングだった。

問題のその足の化石は小さく、後ろの部分がヒトに似ていて直立二足歩行をしていたことは確認できたが、ヒトと異なり、類人猿のような大きな親指を横に広げることができ、把握能力をまだ保持していたと見られる。リトル・フットは、樹上生活者だったのだ。

†埋没骨格を突きとめる

クラークの探索に熱が入る。

九七年五月、貴重な化石の収蔵されているヴィッツの大金庫の中を漁り、サルの骨と誤って分類されていた箱から、同じ個体の八点の左脚と足の骨を見つけ出した。翌月には、全部で一二個の足骨と脚の末端の骨が集まった。そのうちの一点は割れ口が新鮮で、つい最近の採鉱活動で割れたと判断できた。まだ大部分の骨が洞窟に埋まっているに違いない——そう考えたクラークは、二人の助手、スティーヴン・モツミとヌクワネ・モレフェに割れた骨に合う骨を探してみて欲しいと頼んだ。すると何という早業か、探査を始めてたった二日後にモツミとモレフェは、それらに接合する破片を角礫岩の間で見つけたのだ。

さらに角礫岩を取り除いていくと、岩の間に下顎のついた完全な頭蓋左側面も見つかり、脛骨の破片とその隣りに腓骨の断片が埋まっていることも確認できた。それぞれの骨は、元の位置を保って関節していた。発掘調査の一年のうちに、完全な右腕と手、骨盤、脊椎骨、肋骨まで揃っていることが判明した。

角礫岩に埋まったままの左半分の顔面や骨格の一部の写真とともに、この事実が発表されたのは九八年一二月九日だった。それによると、年代はさらに古く訂正され、三六〇万年前という。詳しい計測はかなわないが、それでも推定身長一・二二メートルで、樹上から深さ約一五メートルの洞窟内に転落したため、肉食獣に食い荒らされることなく、全身骨格が保存されたという。まさに「猿も木から落ちる」である。

ちなみに角礫岩に包含されたコロブス（サルの一種）や化石化した植物化石からも想像されるように、当時の地上の環境は現在と異なり、熱帯雨林に近かった。また地下に形成されていた空洞は、狭い縦孔で地上に通じていたにすぎない。肉食獣さえ、一度落ち込んだら二度と這い上がれなかっただろう。

このアウストラロピテクスは、アファリカヌスなのか、それとも別種なのか――。全身骨格が取り上げられ、詳しい研究が行われてからの報告を待つことになる。しかし想定される年代からすれば、東アフリカのアファール猿人の時代に相当するので、南アフリカにまで分布していたアファール猿人の可能性がある。だとすれば、アファリカヌスの起源に、大きなヒントが得られるだろう。なぜならこれまでアフリカヌスは東アフリカでは一点も見つかっていないので、南アフリカの地域種だと考えられているからだ。

†肝心の年代が不明確

その意味でStw573の年代の解明が極めて重要になるのだが、その肝心の年代が、いまだに確定していない。アルゴン－アルゴン法が使えないためだが、古地磁気で約三三〇万年前、もっと古い年代値では約四〇〇万年前というものもある。

後者は『サイエンス』〇三年四月二五日号に発表された年代で、シルベルベルク洞窟のStw573の上下と、ステルクフォンテイン洞窟群内でシルベルベルクに隣接するヤコヴェック洞窟堆積岩の石英を試料に、二つの放射性核種の崩壊率から導くアルミニウム26－ベリリウム10法という年代測定法で求められたものだ。ただ測定値が上下で逆転しているなど正確さには疑問符が付き、大多数の研究者の賛同が得られていない。仮に四〇〇万年前にまで遡るとすれば、アファール猿人よりも一段階古いアウストラロピテクス・アナメンシスに匹敵することになる。なおヤコヴェック洞窟でも、頭蓋片や歯、左大腿骨片、手骨などが見つかってきており、Stw573とほぼ同年代と見られている。

疑問符がつくのは、『サイエンス』〇六年一二月八日号で、Stw573の上下の岩のウラン238―鉛206法の測定結果として予想外に若い約二二〇万年前という値が発表されたからだ。この年代では、大量のアフリカヌス化石が出ている第四層と同等かそれよりも若くなってしまう。それなら第四層の年代自体を、さらに新しく改訂する必要があるのだろうか。

ただ第四層の推定年代は、東アフリカの正確な年代の当てられた動物相を参考に導かれた。七〇年代から八〇年代にかけて確立した東アフリカの詳細な編年で、遺跡各層のイノシシ、羚羊類、サルなどの動物相には、火山灰を基にした正確なカリウム―アルゴン法（アルゴン―アルゴン法）の年代が与えられている。それぞれの動物化石は、時代とともに進化の跡が見られるので、こうした特徴を持つ動物相は放射年代ならこれくらい、と判定できるようになっている。その動物化石による年代の物差しは、南アフリカにも適用でき、重要な猿人洞窟の各部層に、動物相を基におよその年代を与えられている。さらにステルクフォンテインのさらに新しい部層五（第五層）で、アフリカヌスが消え、ホモとパラントロプスが出現している。これらの事実から、第四層の年代が動くことは考えにくい。

Ｓｔｗ５７３の素顔とともに、その年代もまだペンディングというところだろうか。

†第五層から発見されたオルドワン石器

ステルクフォンテイン洞窟は二八〇万〜二五〇万年前頃には地上に大きく開口し、様々な肉食獣が出入りするようになった。剣歯ネコ、ハンティング・ハイエナ、各種のライオン、さらには現生種に近いヒョウ、ハイエナなどもいた。彼らは、周辺で草食獣の狩りをして獲物を洞内に持ち込んだ。またヒョウの犠牲者の一部は木から落ち、あるいは洞窟にこぼれ落ち、さらには雨で洞窟内に流れ込み、角礫岩層である部層四（第四層）を構成した。こうした犠牲者の中に、アフリカヌスも混じっていた。

ステルクフォンテインがアフリカヌスの代表的遺跡として名高いのは、膨大な標本数にのぼるこの第四層出土資料のゆえである。ちなみに前述のアフリカヌス個体「プレス夫人」ことＳｔｓ５標本も、第四層（二六〇万〜二〇〇万年前）に由来する。

二五〇万年前頃になるとアフリカ全域で乾燥化が進み、第四層中にも乾燥地に生息するヒヒの骨などが目立ってくる。謎のホモ属Ｓｔｗ５３は、この頃の第四層に生きていた。

二〇〇万年前以降、一七〇万年前頃までに形成された角礫岩が第五層である。この角礫岩の中には三〇〇〇点以上の石器が含まれ、東アフリカのオルドワン文化に相当する。石器を作れたのはホモなので、Ｓｔｗ５３の系統かそれ以外のホモかが、この頃には南アフリカにも現れていたことが分かる。確実なホモ（「テラントロプス」）は、お隣りのスワルトクランスで見つかっているので、石器を製作したホミニンは彼らである可能性が高い。

オルドワン石器に使われた主な石材は珪岩である。石英やチャートも使われているが、珪岩ほど多用されていない。いずれも洞窟から数百メートル以内の河原で産出する。ただし石器の分布範囲はかなり限られているので、ホモ属がこの洞窟に住んだとは考えられない。ホミニンは、なお地上にいて、活動後に放置された石器が縦孔から洞窟内に落ち込んだと見られている。

†ステルクフォンテインでも見つかったパラントロプス

ところで東アフリカでも南アフリカでも、初期ホモ属と必ず共伴するのが頑丈型のパラントロプスである。ステルクフォンテインでは長い間、見つからなかったそのパラントロプス化石も、ついに九二年に、オルドワン包含層から三本の歯の発見という形で姿を現した。隣接するスワルトクランスや近くのドリモーレンでは大量のパラントロプス化石が見つかっているので、今後の調査が進めば第五層のパラントロプス標本が増えていくだろう。

ステルクフォンテインのさらに少し新しい時代、たぶん一五〇万年前頃になると、石器文化は初期アシューリアンに変わる。大型剝片に刃をつけたハンドアックスとクリーヴァーが出現するのだ。東アフリカでは一七〇万年前頃にアシューリアンが出現するので、南アフリカにもさほど時間差なく伝播したことが分かる。それを伝えたのは、ホモ・エレクトスであろう。

この頃には洞窟の開口部がさらに広がったらしく、オルドワン期よりも石器の分布に広がりが見られる。しかしこの時代にも、そしてこれからさらに後にも、ホミニンは洞窟に住まなかったと考えられる。スワルトクランスでブレインに検出されたように、彼らは火の使用者であった。捕食者から身を守る術を得たのだから、わざわざ暗い洞窟に居を構えなかったのかもしれない。このアシューリアンを包含する角礫岩からも、わずか一五片ほどだが人骨が見つかる。少なくともこのうちの一点は、ホモ・エレクトス（ホモ・エルガスター）という。火とアシューリアン石器という防衛手段を得ても、なおホモ・エレクトスは肉食獣に襲われていたのか、貪られた骨の破片が洞窟内に流れ込んできていたのである。

このように見てくると、ステルクフォンテイン＝華奢型のアフリカヌスの洞窟、スワルトクランス＝頑丈型のパラントロプスの洞窟、というかつての認識は、調査が進展していない時代の偏向した見方であったことが分かる。出土した主要ホミニンは、包含層の年代差を表していたにすぎなかったのだ。人類単一種が広く信じられていた時代には、アフリカヌスは単一猿人のメス、パラントロプスはそのオスで、それぞれ性別ごとに棲み分けていたとする、今では笑ってしまいたくなるような説が堂々と語られていたが、それは三〇〇片ほどで出来たジグソーパズルの一、二片で人類進化を語っていたに等しい。人類進化図は、まだ完成にほど遠いジグソーパズルなのである。

†パラントロプスはアフリカヌスの子孫か

さて、ここまでに述べた南アフリカのホミニン遺跡の編年を、今一度整理してみよう。決定的な放射年代が測定されていないので、研究者によって多少の異同があるが、古い順に概ね次頁の図のようになっている。

タウング・チャイルドは、出土地不明なので、だいたいの見当である。この頭蓋は、アウストラロピテクス・アフリカヌスの模式標本だが、今にしてみると特徴の表れにくい幼い個体のためによく分からないというところが真相だろう。仮にアフリカヌスだとすると、最も年代の新しい標本ということになるのだが。

はっきりしていることは、アフリカヌスが古くて、パラントロプスは新しい——ということである。ここから、南アフリカの頑丈型猿人パラントロプス・ロブストス（と異種説に立てば、パラントロプス・クラシデンス）は、アフリカヌスの子孫かもしれない、という可能性が示唆される。ジョハンソンとホワイトは、アフリカヌスの咀嚼器の頑丈化したものが、パラントロプス・ロブストスではないか、と考えている。実際、パラントロプスの出る層からは、もうアフ

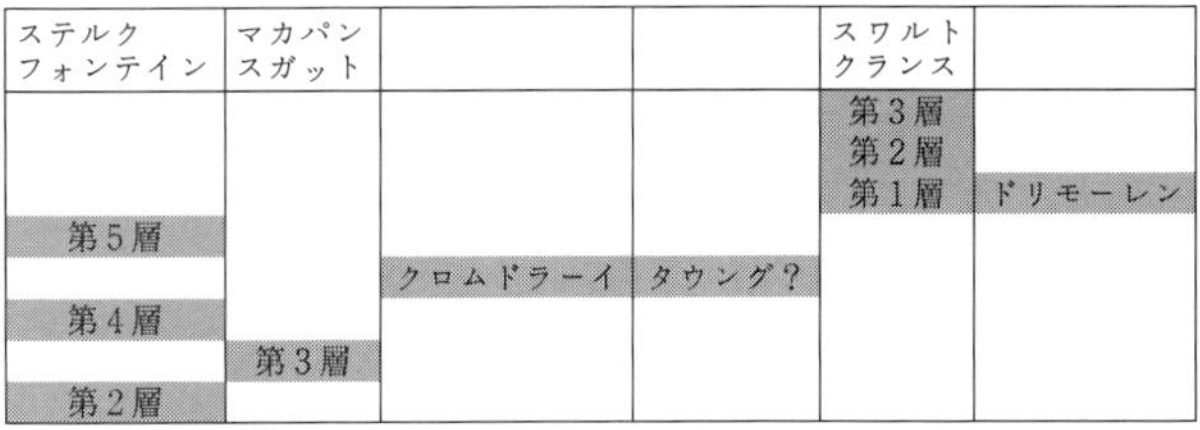

南アフリカの地層模式図

リカヌスは出土しない。だとすると、南アフリカでブルームにより初めて存在が確認され、後に五九年に東アフリカでリーキーによっても発見されたパラントロプスは、それぞれ系統を異にするのかもしれない。

頑丈型というイメージから、パラントロプスはゴリラのような大柄な体格と連想されがちだが、実際は華奢型猿人アフリカヌスとほとんど変わらず、身長一・二メートル程度、体重も三〇〜四〇キロ程度だったと推測される。推測にとどまるのは、不思議にもパラントロプス骨格は全く発見されていないからだ。

パラントロプスが頑丈型と呼ばれるゆえんは、ひとえに咀嚼器の頑丈さにある。歯はホモの三倍もある。彼らの食性が、硬い食物であったことを物語る。骨器は、土中の根茎類やアリ塚のシロアリを掘り起こす掘り棒として重宝されていたことだろう。

†根茎類とシロアリ食に特殊化して先細りに

これまで見てきたように頑丈型猿人には、東アフリカと南アフリカの二つの類型がある。最古に位置づけられるのは、すでに見た東アフリカのパラントロプス・エチオピクスで、二七〇万年前頃に現れる。この二七〇万年前頃というのが、頑丈型の進化の鍵になる。

現在まで、それより古い頑丈型は見つかっていないので（見つかっていないからといって、いないとは限らないが）、それを基に考えれば起源として結びつくのはアファール猿人しかいない。トゥルカナ湖の南方約七〇〇キロのラエトリ（アファール猿人の模式標本化石と足跡の産出地）でも、二六〇万年前のヌドラニャ層から歯を欠いた頑丈な上顎骨が見つかるのが、頑丈型の起源を推定するのに示唆的である。

この頃、東アフリカで乾燥化が進み、既存の草食獣は、乾燥に適応した動物種に遷移していた。おそらくまだ石器を作ることを知らなかったホミニンにも、その環境圧は働いたであろう。こうしてアファール猿人から、二つの方向への進化が起こったと考えられる。その方向に舵を切れなかった基幹となったアファール猿人は絶滅した。

一つは、乾燥化で拡大したサバンナでスカベンジング（死肉漁り）の機会の広がった環境に適応したホモ属の系統である。ホモ属の起源については、次の第五章で詳しく見ていくので、ここでは深く立ち入らない。

もう一つが、地上性の硬い食物に適応した頑丈型である。アファール猿人からの分岐は、こちらの方が早かったであろう。彼らは死肉よりも根茎類などを選好した。ただし頑丈型でも死肉が得られれば食べただろうが、石器を発明しなかった彼らにはその利用は限定的だった。その代わり森やサバンナには、シロアリという動物たんぱく源は豊富にあった。シロアリは、美味なものであるらしく、現在でもアフリカの住民に珍重され、採集されて食べられている。羽化した時は容易に一網打尽にできる貴重なたんぱく源で、油でいためると香ばしくて美味しいという。

そのエチオピクスから、東アフリカでパラントロプス・ボイセイが派生したであろうことは、年代からもほぼ確かと思われる。最初に「ジンジ」として認識されたボイセイは、東アフリカだけでもクービ・フォラ、コンソ（エチオピア国内のオモ東方の遺跡）、オモ、オルドゥヴァイ、ペニンジ（タンザニア）などに広がっている。オモではシュングラ層群G層（二三〇万年前頃）から現れているので、この頃にエチオピクスから進化したのだろう。なおボイセイらしい歯はシュングラ層群L層まで残り、それは一二〇万年前頃だ。

諏訪元氏が『ネイチャー』九七年一〇月二日号に報告したコンソのやや特殊化したオスのパラントロプス個体は、東アフリカでは最も新しいものに含まれ、年代は一四〇万年前だった。この遺跡には、ホモ・エレクトスとアシューリアン石器群とが伴った。

一方で南アフリカでは、地域種としてアフリカヌスが進化し、ここからさらに南アフリカ版頑丈型が生じたのではなかろうか。

この観点に立てば、東アフリカと南アフリカの頑丈型は並行進化の結果、ということになる。似たような環境変化が起これば、人類でも並行進化が起こっても不思議ではない。

頑丈型猿人にとって不幸だったのは、おそらく祖先は一緒の、いとこであったホモ属の伸張である。石器という新しいテクノロジーを装備したホモ属、特にアシューリアンを装備したアフリカ型ホモ・エレクトス（ホモ・エルガスター）が出現すると、パラントロプスは先細りとなる。その絶滅時期ははっきりしないが、東アフリカでは一二〇万年前頃には絶滅し、南アフリカでもほぼ同時期に消滅したようである。

特に東アフリカでは、エチオピクスの後継種ボイセイは生存しづらかっただろう。いずれも石器製作者だったと思われるホモ・エレクトス、ホモ（アウストラロピテクス）・ハビリス、ホモ（ケニアントロプス）・ルドルフェンシスと共存していたからだ。想像を逞しくすれば、肉食化していたホモ・エレクトスに狩られたこともあったかもしれない。

ともあれ特殊化しすぎたパラントロプスにとって、ホモ・エレクトスと競い合うのは荷が重すぎた。人類史上、ユニークな形態を進化させた彼らは、袋小路に入り込んでしまったと言えるのかもしれない。

第五章　ホモ属の登場と出アフリカ（二六〇万〜二〇万年前）

【本章の視点】

我々現代人につながるホモ属は、これまでに述べてきたアウストラロピテクス属から分岐し、頑丈型猿人と重なる形で今から二五〇万年前頃の東アフリカに登場した。彼らは、人類史上初めて石器を製作した。それは、肉食の開始時期とも重なる。石器製作と肉食開始は、脳の拡大とも深く関連していただろう。

初期ホモ属の起源となったと思われるのは、エチオピアで発見されたアウストラロピテクス・ガルヒで、彼らには石器を使って解体した獣骨が伴う可能性が高い。ガルヒ出現の前後に、東アフリカ各地で初めて原始的石器製作が行われるようになった。その後、二〇〇万年前より新しい段階になってアフリカ型ホモ・エレクトスが進化した。彼らは、すらりとした長身で、洗練した直立二足歩行をし、より進歩したタイプの石器を備えていた。

二〇〇万年前前後に、初期ホモ属の一派は初めて母なる地であるアフリカを出た。何回か続いた出アフリカの波の最初の一つは、まずヨーロッパのグルジアにもその足跡を留めていた。その波の一部は、ヨーロッパ本土のスペインにも及ぶが、熱帯の動物であるホミニンが定着するにはまだ早すぎた。出アフリカした初期ホモ属の苦闘の跡をたどり、ネアンデルタール人の出現までの過程を追う。

†高緯度のドマニシに一七七万年前のホミニン

冬になると積雪し、時には氷点下二〇度になることもあるグルジア内陸部にあるドマニシは、おそらく最初に出アフリカをなし遂げた一七七万年前のホモ属にとって、難儀な場所だったに違いない。今は絶滅している獰猛極まりない剣歯ネコや大型のオオカミなど肉食獣がうろつく所だからだ。そこにホモ属が多数の遺骸化石を残した。したがってある程度の集団が居着いていたのだろう。その理由は、何だったのだろうか。

首都トビリシの南西約八五キロにあるドマニシ遺跡は、中世城塞跡の高台に位置し、三方を川に囲まれている。緯度は北緯四一度近辺で、日本の札幌よりわずかに南に位置するだけだから、温暖な土地とはとても言えない。ただ調査が進み、動物相と植物相が明らかになるにつれ、当時は温暖で湿潤だったらしいと分かった。ここがホミニンを初め古生物化石の宝庫だと気づかれたのは、一九八三年に城塞地下の穀物貯蔵庫から絶滅サイの化石が発見されたことがきっかけだった。九一年に初めてホミニン化石が発見された。下顎骨D211化石は、当時はカリウム－アルゴン法で一八〇万年前と測定された基盤をなす溶岩直上、剣歯ネコ骨格の直下で見つかり、ユーラシア最古のホモ・エレクトスとして一躍注目された。

その後も相次いでホミニン化石が見つかるたびに、人類進化のシナリオは修正を余儀なくされた。例えば九九年に二個見つかった頭蓋は、その完全さで世界を瞠目させただけでなく、下顎骨D211を基にしたホモ・エレクトスという種同定も揺るがした。脳容量が、脳頭蓋D2280で七八〇cc、顔面部の一部を欠くだけのD2282は六五〇ccしかなく、ほぼ同年代のアフリカのホモ・エレクトスER3733の八五〇ccを下回る。D2282にいたってはホモ・エレクトスの最小限界を下回り、東アフリカのホモ（アウストラロピテクス）・ハビリスに相当するほど小さい。また眼窩上隆起もさほど目立たなかった。ちなみに東アフリカのエレクトスでは二〇〇〇年発見のER42700の脳容量六九一ccが最小だ（一七〇頁参照）。

目を引くのは、D2280頭蓋に剣歯ネコの歯の痕がついていたことだ。火を管理していた痕跡もないので、剣歯ネコから身を守りようもなかったのだろう。冬の寒さをどうしのいだのか、それとも夏だけ利用した避暑地だったのか。

グルジアの古生物学者レオ・ガブニアに率いられた調査団がこの両化石を『サイエンス』〇〇年五月一二日号に発表した時、両頭蓋がアジアのホモ・エレクトスよりもアフリカのホモ・エルガスターと似ていることから、暫定的にホモ・エルガスター、つまりアフリカ型ホモ・エレクトスに位置づけたが、それまで時代とともに直線的に脳の拡大が起こったという常識が打ち破られた。時代経過による脳の大型化というこの常識は、後にインドネシアのフローレス島で小さな脳の人類ホモ・フロレシエンシスが発見されて、完全に覆されるのだが（第七章参照）、これはその先駆けとなる発見だった。

†わずか六〇〇ccの脳、エルガスター以前の人類か

同時にこの発見は、ホモ属にいたってなぜ出アフリカし、ユーラシアへ出ていったかの一つの仮説を破綻させた。それは、トゥルカナ・ボーイの総括研究者であるアラン・ウォーカーらが最初に提起した「美食説」で、アフリカ型ホモ・エレクトスに顕著な脳の拡大は、高栄養の肉食のためテリトリーの拡大を必要とし、新たなフロンティアを求めて出アフリカしたと考えた(この当時、脳の小さなER42700はまだ発見されていなかった)。ドマニシのホモがアフリカ型ホモ・エレクトスより小さな脳であれば美食説と矛盾する。脳が小さければ、代謝エネルギーは少なくて済むから、高栄養の肉を求めてテリトリーを広げる必要はなかった。

美食説の破綻は、〇一年に見つかり、『サイエンス』〇二年七月五日号で報告されたD2700頭蓋(プラス同一個体と思われるD2735)が決定打となった。ユーラシアのホモ・エレクトスとしては最も完全で、顔面の一部と下顎骨を欠くだけのピテカントロプス八号(ジャワ原人)をも完全さで上回るD2700頭蓋は、若い女性と考えられるのだが、脳容量はD2282よりさらに小さく、六〇〇ccしかなかった。D2700化石の顔面は突出し、眼窩上隆起はやはり弱く、後頭部は丸みを帯びていた。また犬歯は、女性と思われるのに、猿人を思わせ

るほど大きかった。後にこの個体のものと思われる小柄な部分骨格も発見される。

発掘調査に参加したグルジアの古人類学者ダヴィッド・ロードキパニッゼは、頭蓋の特徴は東アフリカのエレクトスに似るけれども、小さな脳容量はドマニシ人よりやや古い、一九〇万年前のハビリスER1813の五〇九ccをわずかに上回るだけであることに注目し、出アフリカした人類はホモ・エルガスター以前の人類ではなかったか、と述べた。

ホモ・フロレシエンシスを扱う第七章でも言及するが、このように最初に出アフリカを果たし、ユーラシアに展開したホミニンは、エレクトスよりさらに古い初期ホモ（種は不明）だった可能性が出てきた。ドマニシ人は、その子孫だったかもしれない。また小さな脳、小柄な体は、フロレシエンシスの祖型としてなら、肯けないこともない。

これらのホミニン化石には、おそらく死後一瞬にして埋没したであろう剣歯ネコや様々な草食獣が伴っていた。だからD2700頭蓋は、先に見つかっていたD2280頭蓋と同一集団に属したかもしれない。大量のオルドワン石器も見つかっており、草食獣の骨の中には石器の切り傷の認められるものもあるので、動物の肉の処理を行っていたことが分かる。同時に、前述のように彼らは肉食獣にも襲われる存在だったのだ。

彼ら（かその祖先）はなぜアフリカを出てきたのだろうか。四足獣なら、より容易に陸路を歩いてアフリカから来られたろうが、彼らは脳が小さく、またすでに一部見つかっている四肢骨片などから小柄であることは明らかで、剣歯ネコ、クマ、ハイエナ、ヒョウ、オオカミなどといった肉食獣に常に脅かされる存在だったのに——謎は、あらためて深まった。

†四〇歳まで生きた超高齢者

驚きはさらに続く。その後の〇二〜〇四年の発掘シーズンで、歯が一本もない推定死亡年齢四〇歳という「超高齢」個体（D3444頭蓋とその同一個体のD3900下顎）が見つかり、『ネイチャー』〇五年四月七日号で報告され、彼らの「人間らしさ」にも焦点が当たった。

現代なら四〇歳はまだ「青年」の部類に入るが、それを超高齢個体と呼ぶのは、あくまでも一七七万年前という時代だからだ。平均寿命が二〇歳以下だった当時では、推定年齢四〇歳はかなりの高齢なのである。その証拠に、この個体には三二本の歯すべてが欠けていた。歯槽膿漏で歯が脱落したのだろうが、歯槽骨の吸収が進み、骨の再生も見られることから、この高齢個体は死亡前の数年間は歯のないまま生きていたと考えられる。

動物の肉、骨髄、根茎類、木の実などの食物でホミニンが暮らしていた当時、柔らかい食物は皆無だったから、歯を欠損したとすれば栄養が摂れずに死ぬしかない。それでも数年は生きたのだから、誰かが石で叩き潰した植物食や柔らかい骨髄、脳を、食物として与えていたと考えられている。集団の長老格だったろうから、リスペクトされて介護されていたのか。原始的ドマニシ人の知られざる一面である。

†骨格発見で判明した低身長・小さな脳・完全な長距離歩行者

小柄と考えられていたドマニシ・ホミニンの部分骨格は、『ネイチャー』〇七年九月二〇日号でついに発表された。一体は若いD2700／D2735個体と同一個体と考えられる骨格で、大腿骨、脛骨、上腕骨、鎖骨などで構成される。ただ骨盤は、見つからなかった。その点、完全さではトゥルカナ・ボーイに若干譲るけれども、一〇〇万年前台のホモ・エレクトス級としては、第二の骨格の発見と言える。脚の骨が見つかったので、推定身長も割り出せた。それによると、約一・四メートルと小柄で、また分析からもドマニシ・ホミニンはホモ（アウストラロピテクス）・ハビリス並みに原始的だったことが判明した。

これと別に、かなり欠けた部分はあるが、三個体分の成人部分骨格も見つかった。骨格が見つかったことで、低身長にもかかわらず、四肢骨プロポーションと体幹部は現代人並みだったことが判明した。腕より脚が長く、脚でも大腿骨が特に長い。脊柱は横から見れば現代人のようにS字状をなし、足のアーチはよく発達していた。これらの特徴は、ドマニシ・ホミニンが、トゥルカナ・ボーイと同様に、現代人のように長距離を歩き、走っていた完璧な直立二足歩行者だったことを物語る。さすがにアフリカから長距離を歩いて来た集団の子孫である。

以上はドマニシ骨格の進歩的な派生的特徴だが、一方で上腕骨に現代人のようなねじれが見られないことから、休憩時は両手を外側に向けるなど我々とは異なった動かし方をしていたのだろう。こうした上腕骨形態と低身長、小さな脳という原始的特徴が、ドマニシ・ホミニンをアジアのホモ・エレクトスと区別している。このような背景もあり、二〇〇〇年に発見されたD2600下顎骨を模式標本に、新たな人類種ホモ・ゲオルギクスが設定された。

ドマニシが注目されるのは、一カ所でこれほど多くのホミニンと動物骨、石器などが集まっているホモ・エレクトス級遺跡は他に例がないことだ。堆積状況から、骨や石器は近距離範囲内で川に流されて集積したと考えられている。その時間は、長くても数千年以内だったろうと考えられている。だからドマニシ・ホミニンは、すべて同一個体群であった可能性が高い。それゆえ同一個体群内の個体変異をうかがう意味でも、ドマニシ・ホミニンは注目されるのだ(補注　一三年に完全な男性頭蓋D4500の発見が報告された)。

†出アフリカはもっと古く、何波もあった?

ドマニシとホモ・フロレシエンシス(第七章参照)の発見により、最初に出アフリカしたのはアフリカ型ホモ・エレクトス(ホモ・エルガスター)だという二〇世紀末の多くの研究者の想定は修正せざるをえなくなった。出アフリカした時期も、従来観よりもう少し古くなる可能性が高い。そう見れば、出アフリカして東に向かい、遅くとも一五〇万年前頃にはジャワに到達したピテカントロプス（ジャワ原人）、西に向かい一二〇万〜一一〇年前にはスペインに到達していたホモ・アンテセソールと、ドマニシは子孫－祖先の関係ではないと考えられ、早期の出アフリカは何波もあったことになる。完全な直立二足歩行能力を獲得し、出アフリカできたことが明らかになった以上、何波もあったと考えるのは、極めて自然だ。

なおこれと関連して、最近、著名な北京原人の年代が、古い方に大幅に修正された。南京師範大学の沈冠軍（Shen Guanjun）やアメリカ、パデュー大学のダリル・グレンジャーらが『ネイチャー』〇九年三月一二日号に載せた報告によると、主要な北京原人化石の出た周口店第一地点下層の石英の粒と石英製石器をアルミニウム26－ベリリウム10法で測定したところ、従来よりも三〇万年も古い、約七七万年前という推定年代を得た。なおこの年代値は、中国のホミニン関連遺跡で初めて放射年代測定法で得られたものである。この古い値への改訂は、それまで漠然と考えられていた、スンダランドに展開していたジャワ原人と同系統の東南アジアのホモ・エレクトス一派が北に拡散したのが北京原人だ、とする考えに変更を迫る可能性をもつ。

実際、アメリカ、アイオワ大学の人類学者で北京原人に関連した著書もあるラッセル・ショホーンは、ホモ・エレクトスの移動ルートの再考を唱えている。ショホーンによれば、周口店のある華北とジャワ原人のいた東南アジアとの間には当時は深い森が横たわっており、これがジャワ原人の北上への障壁となっていたとみなし、北京原人などの拡散はジャワ原人と無関係の、西アジアからの北回りの別集団の移住の一つだったと述べるのだ。

†乾燥化と新しい食料獲得戦略がホモを生んだ?

さてそれでは、ホモ・ゲオルギクスの直系祖先であり、後に様々な種を生んだ初期ホモ属の起源は、いつ頃だったのか。

最初にホモ・ハビリスを設定したルイス・リーキーらは、脳の大型化をホモ属の証しとした。しかし大きな脳を伴わない後述するホモ・フロレシエンシスのような例が出てくると、その定義は成立しない。それにおそらく初期ホモは、いきなり脳を大きくしたわけではあるまい。

逆に多少の脳の大型化は認めても、分岐分類学的検討の結果、ハビリスをアウストラロピテクスに配置換えしたバーナード・ウッドのような見解もある。ウッドによれば、脳と体幹部のプロポーション、顎と歯、直立二足歩行に関係する身体部位の特徴などから、ハビリスはホモと呼ぶよりもアウストラロピテクスの系統に含められるべきだという。

一四〇頁で述べたように、パラントロプスと前後して、東アフリカの気候の乾燥化という変動する環境に適応し、新たな食料獲得戦略に転じた者たちがホモであっただろう。脳の拡大は、新たな食料獲得戦略、すなわち肉食の採用の結果であって、前提ではなかった。その新食料獲得戦略には、石器製作という大きなブレークスルーが伴った。

例えば東アフリカ各地で、二六〇万年前から二五〇万年前にかけて、ほとんど同時に原始的オルドワン型石器が作られるようになる。基本的には樹上生活者であったホミニンにとって、石器は必要ではない。だからサヘラントロプス以来、少なくとも四五〇万年間、ホミニンは石器を作らなかった（ディキカの発見にはまだ疑問がある。二七九頁参照）。それに石器製作には、おそらく我々の想像を超える飛躍が必要だったのではないかとも考えられる。

現代のチンパンジーの観察からも、石器製作へと飛躍する壁の高さを読み取れる。東アフリカでは彼らは時と場に応じて木の枝でアリ釣りの道具を製作し、西アフリカ、ボッソウの群れでは石の台座にアブラヤシの種子を置いて石で割り中の胚珠を食べる。しかしいまだに野生でも飼育下でもチンパンジーの石器製作は観察されていない。飼育下のチンパンジーとコンピューターを通じてコミュニケーションはとれるが、彼らにいくら教えても石器製作はできない。

アウストラロピテクスでも便宜的道具製作はあったかもしれないが、そもそも石器製作は必要もなかったろうし、また作るのも困難であったに違いない。

†二六〇万年前に初めての石器――オルドワン文化の誕生

そうした中から、石器を製作する者たちが現れた。例えば〇三年にエチオピア、アファール三角地帯のゴナ川流域のOGS－6地点とOGS－7地点で世界最古の二六〇万年前の原始的石器の発見が報告された。この頃、東アフリカで全般的気候の乾燥化が進行し、それに伴って疎林や草原が拡大していた。それは、樹上生活者であったホミニンには試練だったが、一つのチャンスでもあった。サバンナ的環境の拡大で、草食獣が激増し、それを獲物にする肉食獣もまた増えた。きっと森林とサバンナの境界のあちこちに、肉食獣の食べ残しの骨や草食獣の死骸が点々と見られたことだろう。これこそホミニンにとって、新しい食料になるものだった。

柔らかな肉に慣れた現代の我々には、骨など食べられるのかと、奇異に感じるかもしれない。しかし骨の内部には、脂肪が豊富で美味な骨髄が詰まっている。これは、いわば肉の缶詰だが、割って中身をせせり出すには石器が要る。さらにわずかでも、骨には肉の切れ端が残っていただろうし、草食獣の口の中には肉食獣も食べられなかった舌があった。

この栄養豊富な新食品に最初にアクセスした者は、（ディキカのように）初めはただの天然の石ころを使っただろうが、そのうち割れた石の方が、骨髄や舌を取り出し、骨から肉片を削ぎ取るのに都合がよいことに気がついた者もいたに違いない。さらに石を石で割ると、剝片の中には好都合の石片の出来ることを知っただろう。途方もない長期の試行錯誤を経て――。

こうして出来たのが、オルドワン文化だった。石器を製作する知識は、すぐに他の個体、他の集団に伝播したと思われる。七六年にエレーヌ・ロシュがカダ・ゴナで二三二万年前のオルドワン石器群を発見して以来（四八頁参照）、ゴナ川流域でラトガーズ大学のエチオピア人考古学者シレシ・セマウらが集中探査を行い、九二年から九四年にかけてゴナ川河畔のＥＧ１０地点やＥＧ１２地点で発掘調査し、二六〇万〜二五〇万年前の大量のオルドワン石器群を発見しているからだ（『ネイチャー』九七年一月二三日号）。

革新的テクノロジーは、ハダールとゴナの周辺ばかりでなく、東アフリカ全体に広がった。各地で年代的裏づけのある石器発見が相次ぐことが、その証拠である。クラーク・ハウエル隊の調査したオモのシュングラ層群Ｆ層のオルドワン石器群も、カダ・ゴナとほぼ同年代であり、またやはり同年代に属する九四年一一月に発見されたハダールのＡＬ６６６地点石器群は、ホミニン上顎化石を伴った点で特に重要である。

†二三四万年前の石器製作址

ジョハンソンやウィリアム・キンベルらは、二三三万年前のこの上顎化石（ＡＬ６６６－１）標本を、種こそ特定しなかったが、ホモ属と同定した。この個体は、年代の確実な最古のホモ属化石である（補注　二〇一三年にエチオピア、アファール地方で二八〇万〜二七五万年前の下顎骨破片ＬＤ３５０－１が発見され、初期ホモ属と同定された）。ホモとされたように、ＡＬ６６６－１の上顎の突出は緩やかで、歯列はＵ字形を示すアファール猿人と異なり、見事な放物線状を呈している。ハダール出土の三二三点にのぼる他のアファール猿人標本と、明確に異なる。この化石は、オルドワン石器群の製作者がホモであることのほぼ確かな証拠となった。

石器製作址も発見されている。ロシュは、九七年にケニアでも二三四万年前の石器群を見つけ、概要を『ネイチャー』九九年五月六日号に報告した。トゥルカナ湖西岸のロカラレイ2C遺跡がそれで、事前に表面採集で五一六個の石器が見つかっていたが、発掘で約一〇平方メートルの狭い範囲内から実に二〇六七個もの加工された石器が回収された。うち九一％までは剝片を含む削片で、しかも石核とハンマー石とを伴っていたので、ここが石器製作址であったことが証明された。石材のほとんどは、東アフリカの前期石器時代に特有な材質である溶岩で、近くの川などで採取できるものだった。画期的だったのは、チップも含めこれだけの剝片が回収できたために、剝片を接合して原石にまで復元できたことだ。その数は、六〇セット以上にのぼる。こうしたものの中には、一つの原石から二〇個近くの剝片を剝離したものもあった。石器製作技術の復元を可能にした、オルドワン文化初の遺跡となった。

接合による復元の結果、製作者は手指をかなり正確にコントロールして石材を加撃し、便宜的にではなく反復的に、つまりある意思の基に鋭利な刃を作り出していたことが判明した。母核のすべてが、剝片剝離の間、同一の技術的原理にそって加工されていた。製作者が高い認知能力と手と指の技量を備えていたことを実証するものと、ロシュらは結論づけている。ホモのなし遂げたブレークスルーこそ、たぶんこれなのだ。ロシュの言うとおりとすれば、石器の出現をもって原初ホモの誕生、と見て差し支えないだろう。ならば、原初ホモとは誰なのか。

†原初ホモか？　アウストラロピテクス・ガルヒの発見

ＡＬ６６６－１は二三三万年前頃だった。この年代は、アルゴン－アルゴン法で二三三万年前と測定されたＢＫＴ－３火山灰の八〇センチ下から見つかったので、まず確かだ。とすれば、最初の石器が出現してから三〇万年近く経過している。だから、まだ化石の発見されていない原初ホモがいたと考えるべきだろう（補注　その後にＬＤ３５０－１が発見された）。

これまで最古のホモ属化石と推定されるのは、マラウィ、ウラハのチワンド層の下顎骨ＵＲ５０１標本であり、これは二五〇万年前頃とされている。ただ残念ながら、マラウィには火山灰層がなく、放射年代測定法で測定されたものではない。二五〇万年前というこの年代には、相当の幅がありそうである。ただ二四〇万年前頃に相当するオモのシュングラ層群中の遊離歯群に、ホモの特徴の認められるものがあるとされるので、二五〇万年前頃というのは、ホモ属誕生の確実な年代と見ていい。

余談ながら、なぜホモ属が誕生したのかについて補足しておく。誤解しないでいただきたいが、ホモ属誕生は必然ではなかった。気候の乾燥化でサバンナが拡大したのは、その前提ではあったかもしれないが、だから原初ホモ属の登場が必然だったことにはならない。ホモになりえる候補が、サバンナの拡大を目にして、目的意識的にホモへと進化したわけではない。進化とは、方向性など一切なくランダムだからだ。猿人を取り巻く環境の変化で、たまたま少しだけ利口で手先が器用だった個体が肉という新しい食資源を他個体より多く得て、それだけ生存の機会が高まり、自然淘汰という篩《ふるい》で選択され、原初ホモが進化してきたのだろう。

そしてひょっとするとこれこそ原初ホモではないかという候補が、エチオピアで見つかった。九九年四月二三日号の『サイエンス』でカバー写真とともに、ベルハネ・アスフォーやティム・ホワイトらに報告されたアウストラロピテクス・ガルヒである。ちなみにガルヒとは、地元アファール語で「驚き」の意味という。

実際、そのホミニン化石は驚きだった。九七年に発見された「BOU-VP-12／130」頭蓋は脳容量こそ四五〇ccと小さかったものの、頭蓋とはやや離れた位置で見つかったホミニン四肢骨片に、石器によるカットマークつきの獣骨が伴っていたのである。最古のブッチャリング・サイト（動物解体遺跡）である。ただ、ここでは石器は見つからなかった。ちなみにヨーロッパなどで見つかる古いブッチャリング・サイトでも、石器を伴うことはあまりない。

ホミニン化石はミドル・アワシュ、ブーリ村近くの数カ所のハタ層地層中で見つかった。ハタ層はアルゴン-アルゴン年代法で約二五〇万年前と推定されている。まさに想定されたとおりの年代で、東アフリカの二五〇万年前はホミニンの空白に近い時代という点でも貴重だった。

†ホモの兆候も見せるガルヒ頭蓋とホミニン四肢骨

最初、ここでホミニンの左側頭骨片、左下顎骨片、左上腕骨遠位端が見つかったのは九〇年のことだった。二五〇万年前のホミニンを探していたホワイトたちの目には有望な地に見えたが、ホミニン化石ラッシュとなるのは、やっと九六年～九八年になってのことである。

その発見ラッシュのピークが九七年一一月二〇日で、調査隊の大学院生ヨハネス・ハイレ＝セラシエがハタ層の露頭した斜面で雨に洗い出された頭蓋片を見つけ、大騒ぎになった。隊員は総掛かりで土を掘り、篩をかけて残りの骨を探した。七週間に及ぶ作業で、顔面と頭頂部、側頭部を欠くものの、一個の頭蓋（ＢＯＵ－ＶＰ－１２／１３０標本）を復元できるピースが回収できた。オスと見られるこの個体がガルヒの模式標本となる。さらに約三〇〇メートル南の同一層位で、矢状隆起のある頭蓋片も見つかったが、いずれにも四肢骨は伴わなかった。

前者の頭蓋は、前述したように脳がアウストラロピテクス並みに小さく、上顎第二大臼歯の直径が一七・七ミリと、パラントロプスを上回るほどに大きい。『サイエンス』表紙に上から見た頭蓋の写真が載せられたが、上顎の突出もかなりのものだ。これらを見ればこの頭蓋を、ホワイトらがアファール猿人の子孫としてアウストラロピテクスに位置づけたのも肯ける。た

ガルヒの頭蓋（『サイエンス』1999年4月23日号）

だ、犬歯サイズは小さかった。これはホモに近いと思える特徴である。

　ガルヒに四肢骨が伴わなかったのは残念だが、この前年の一一月には、ここから南南東二七八メートルの地点でホミニンの四肢骨（BOU－VP－12／1標本）が発見されている。ただ皮肉にも頭蓋が見つからず、したがって模式標本と比較できないためにこの四肢骨がガルヒかどうか確認できない。この発見の幕開けは、九六年一一月一七日、成人の尺骨片が表面採集で見つかったことだ。約二週間後の三〇日、そこから西約一〇〇メートルの所でティム・ホワイトが大腿骨基部と前腕の一部を見つけた。直ちに大発掘が開始され、土が篩にかけられ、左大腿骨の骨幹、右上腕骨と前腕骨（橈骨と尺骨）、腓骨骨幹の一部、趾骨（足の指の骨）、下顎骨片が回収された。大腿骨遠位端を除くと、これらはすべて径二メートルの範囲内で見つかった。互いに重複する部分がないので、同一個体に属する一体分の骨格と見るのが妥当である。

　前述のように頭蓋が見つからなかったし、残りやすいために普通は共伴するはずの歯も発見されなかった。だからガルヒと断定できないのだが、同一層位で、ガルヒ基準標本の発見地と近接しているから、ガルヒである可能性は高いだろう。また趾骨はアファール猿人にそっくりだったので、ここからもガルヒと見るのが順当なところだ。

脚の骨や三点の腕の骨が計測され、推定身長約一・四メートルで、ホモのように長い脚をしていたことが分かった。実際、上腕骨／大腿骨示数（二四七頁参照）はホモ的であった。ホモのように闊歩していた可能性が高いと言える。ただ腕も類人猿のように長く、これがガルヒとすればガルヒには派生的（進歩的）特徴と原始的特徴とが入り混じっていたことになる。オーウェン・ラヴジョイによれば、腕が短くなる前に脚が長くなっていく過渡期の人類という。

なお発見された同一層位のホミニン骨は、他にもある。模式標本の頭蓋発見の三日前、この北方約九キロのエサ・ディボ地区で歯の揃った完全な下顎骨が見つかった。さらに翌年九八年に、下顎骨発見地から北約一キロの場所で上腕骨も追加されている。

†石器による動物解体——骨髄を取り出し、舌を引き抜いた

ブーリの発見の大きな意義は、ガルヒ頭蓋、ガルヒと思われる四肢骨の二つだが、第三の、そしてむしろこの二者を上回る画期的成果が、同じハタ層のブッチャリング・サイトの発見だ。その発見ゆえに、ガルヒが原初ホモの候補として重視されるのである。

四肢骨（BOU‐VP‐12／1標本）の発掘で大量のナマズの骨も出土したが、骨格から一

メートルも離れていない場所で、カットマーク（切り傷）のついた中型ハーテビーストの仲間（羚羊類の一種）の左下顎骨が発見された。この下顎骨表面には、鋭い刃の石器でつけられた三条の細い切り傷が走っていた。口中の舌を切り取るためにつけられたと調査隊はみなした。

それだけではない。ここから南へ約一九六メートル行った地点の同一層位で、大型ウシ科の右脛骨中央破片が露頭していたが、骨幹にカットマークと打撃痕、ハンマー石による打撃スカーが残されていた。明らかに骨髄を取ろうとして、石で強く打撃を加えた痕である。『サイエンス』収載の写真で見ると、割り取られた痕はリングの痕も鮮明な貝殻状を呈しており、バルブ（打撃瘤）も見える。さらにこの脛骨には、中軸に直交してV字状のカットマークがあちこちについていた。これは肉食獣の歯形ではなく、石器によるカットマークである。ここではさらに、ヒッパリオン（三趾馬）の大腿骨も発掘で出てきて、この骨にも解体されたことを示す石器のカットマークが確認された。これらの証拠は、石器を使う二五〇万年前のホミニンが、当時の湖畔の草原で常習的に死肉漁りをしていたことを物語る。彼らは、大型動物の死骸を解体し、四肢骨長骨から骨髄を取るために骨を割っていたのだ。もう少し後のクービ・フォラやオルドゥヴァイ峡谷で見られた肉食行動の先駆けであった。

ただ先述したが、カットマークのある獣骨に石器は伴出しなかった。ブーリ地区でのサーベイランス調査でも、石器は散発的にしか見つかっていない。しかし現場はセマウらが発掘した二六〇万〜二五〇万年前のオルドワン石器出土地から南に九六キロしか離れていないので、石器が使用されていたのは疑いない。ゴナと異なり湖畔のため石材が乏しいので、ここで石器を作らなかっただけだろう。この一帯には礫を運んでくる川もなく、石材となる玄武岩の露頭もないので、ホミニンは石器を持ち歩いていたと考えられる。草原の広がる開けた湖畔地帯にハーテビーストなどの羚羊類が多数棲息していたので、ホミニンには絶好の肉の獲得地だった。

ガルヒは、形態からも年代からも、アファール猿人から派生した種と考えられるが、まさにそうした環境の中で、ホモが誕生したに違いない。実際、二七〇万年前頃のトゥルカナ湖の地層からアファール猿人よりわずかに進歩した形態ながら大きな遊離歯が見つかっており、ガルヒのものの可能性が高い。将来、ガルヒ化石が追加されていけば、アウストラロピテクスからホモに帰属替えされる可能性もある。

†オルドゥヴァイの原始的「ホモ・ハビリス」の怪

こうして見てくると、臼歯・咀嚼器の退縮や脳の大型化、長い脚という形態的ホモの出現に先立って、まず石器が作られるようになり、それで容易になった肉食化への志向が、やがて脳の大型化につながったらしい。

しかし早期ホモとされるホモ・ハビリス（アウストラロピテクス・ハビリス）は、咀嚼器以外はまだかなり原始的であったようだ。その可能性は、OH62の研究で判明した。

そもそもホモ・ハビリスとは、六四年にルイス・リーキー、トバイアス、ネイピアが、石器を作れる能力を持つ六八〇ccの脳を持つオルドゥヴァイ個体を模式標本にして、設定したものだ。ところがこのオルドゥヴァイ峡谷で八六年に発見されたOH62は、まさにそれまでの古人類学者の常識を覆すほどに原始的だった。

OH62は、オルドゥヴァイを長年のフィールドにしていたメアリ・リーキーが引退した後に、前年に調査に入ったジョハンソン、ホワイト、それに諏訪氏らが峡谷基底部近くで発見した三〇〇片ほどの断片であった。歯が数本ついた上顎骨、右の上腕骨と橈骨、尺骨、左大腿骨の一部はまだまともだったが、残りはほとんど破片だった。したがって脳容量の測定はできなかった。それでもジョハンソンらがこの骨格をホモ・ハビリスと報告したのは、歯と口蓋が既知のハビリスと一致したからだ。しかし大腿骨から推定した身長は一メートル余りであり、ひょっとするとルーシーよりも小さかったかもしれないという(後に個人的な教示を得たのだが、共同調査者の諏訪氏は身長推定の計算違いをしたかもしれないと述べている)。しかも腕は強力そうでかつ長く、ルーシーよりもむしろ原始的に見えた。

この形態のホミニンが、「ホモ」とされたのだ。ホモ・ハビリスという種に対する疑念が生じるのはやむをえない。それでも古人類学界では、ホモ、アウストラロピテクスのいずれの属にするかを別にして、ハビリスという種は残っている。もしハビリスという種が有効であれば、これはキメラのような驚くべき種ということになる。脳の大型化という派生的特徴は目につくけれども、OH62に見るように四肢プロポーションなどはひどく原始的なのだ。ただハビリスの骨格は、他に見つかっていないので、すべてがOH62のようであったかは分からない。むしろOH62だけがアブノーマルな個体で、もっと進歩的な四肢を備えた個体もいて、多様性に富んだ種だったかもしれない。

†進歩的なルドルフェンシスの方が古い？

初期ホモ属のもう一つの種とされるホモ・ルドルフェンシスも、ミーヴ・リーキーらによってケニアントロプスに配置換えされたことは、九三頁で見た。実はこちらの方も、「脳が大きい」ことに疑問符がつけられたことがあるなど、実態がはっきりしない。

例えば〇七年三月、ニューヨーク大学の人類学者ティモシー・ブロマージュらの研究チームがER1470の頭蓋を再構成し、かなり類人猿に近い外観であることを示した。ER1470の復元をめぐっては、進歩的外観にしたリチャード・リーキーとアウストラロピテクス的外観にしたアラン・ウォーカーが仲間内での大論争をしたことがある。再びの論争である。ついでにブロマージュらは、推定脳容積を七五〇ccから五三〇ccほどに下方修正した。それなら、ルドルフェンシスは一転して「大きな脳」という売り文句を奪われる。もっとも反論を受け、翌年、ブロマージュは七〇〇ccほどに再修正した。

ちなみにブロマージュは、ウラハ、チワンド層下顎骨の発見者の一人でもある。この下顎骨は、二五〇万年前頃とされ、ルドルフェンシスと言われる。ウラハ下顎骨は、ルドルフェンシスの分布域を大地溝帯のはるか南方にまで広げたが、年代も(不確定ながら)ホモ属出現期に近いところまで遡らせた。OH62のようにハビリスの意外と原始的な側面を見せられた後では、ルドルフェンシスよりハビリスの方が古いように思われるが、ウラハのルドルフェンシスをもって始原ホモとするなら(ケニアントロプス属という立場に立てば別だが)、むしろルドルフェンシスの方が先行者であって、後からハビリスが加わったことになる。

他の地域で発見されたホミニンで、ルドルフェンシスとされる個体は、断片的なものばかりだが、年代は古い。ケニア中部、バリンゴ湖畔のケメロン層群で発見され、頑丈型猿人の骨と間違われて保管されていた側頭骨片が後に最古のホモとされたが、これもルドルフェンシスらしい。二四〇万年前頃とされるので、チワンド下顎骨とほぼ同年代だ。ただしこの二つとも、断片的である点、年代の確実さが保証されていない点で、初期ホモとは言い切れない。それなら種未定のAL666–1の方が、初期ホモとしてよほど確実である。その他、エチオピア、オモのシュングラ層群E層からG層の遊離歯も、ルドルフェンシスではないか、と言われる。

ルドルフェンシスがいつ頃まで生き残っていたかははっきりしないが、クービ・フォラではER1470よりも新しい層位から進歩的四肢骨断片が出るので、一八〇万年前近くまでは生息していたのだろう。

その頃、東アフリカにルドルフェンシスを脅かすホミニンが現れていた。おそらく真のホモ属、人間と言える存在、それがホモ・エレクトス（ホモ・エルガスター）であった。

†アフリカ型ホモ・エレクトスの登場

アフリカ型ホモ・エレクトス（ホモ・エルガスター）と言えば、そのスターは何と言っても七七頁で詳述したトゥルカナ・ボーイだろう。

ただ限りなく完全に近い骨格で有名だからと言って、トゥルカナ・ボーイは「ホモ・エルガスター」の模式標本ではない。クービ・フォラ・プロジェクトの始まったばかりの頃の一九七一年、アジアのホモ・エレクトスと驚くほど似ている下顎骨ER992標本がかなり若い層で発見され、これが七五年に模式標本として記載された。クービ・フォラでは屈指の新しさである一五〇万年前頃かそれよりやや古いことが、後に明らかにされた。

ER992下顎骨については、リチャード・リーキーの慎重さが仇になった標本として古人類学界の語りぐさになっている。というのは、当時まだ東アフリカでは発見されていなかったホモ・エレクトスとの酷似を認めながらも、リチャードは種を同定せず、ホモ属未定種として保留しておいた。それが、クービ・フォラ・プロジェクトと何の関係もないオーストラリアの古人類学者コリン・グローヴスと同僚のチェコのヴラティスラフ・マザクによって「ホモ・エルガスター（働くヒト）」という種名をつけられて、七五年に記載されてしまったのである。

命名権は、クービ・フォラ調査の発見者にあるわけではない。ただ通常は、誰しも調査者を尊重する。それを出し抜いたのが悪いのか、出し抜かれた方が間抜けなのかの論議は措くが、そのせいかリチャードもウォーカーも、「ホモ・エルガスター」の種名を認めず、ER3733頭蓋もトゥルカナ・ボーイ骨格も一貫してホモ・エレクトスとしている。

では、そのアフリカ型ホモ・エレクトス、あるいはホモ・エルガスターは、いつ頃出現したのか。東アフリカで最古のホモ・エレクトスはクービ・フォラ出土のER2591標本で、年代は約一九〇万年前だった。しかしもう少し古い地層で、ホモ・エレクトスと断定できない四肢骨断片などが多数見つかる。そうした事実を勘案すると、東アフリカのどこかで、まだ原始的形態を多数残すハビリスを母胎に、一九五万年前頃、ひょっとすると二〇〇万年前にはホモ・エレクトスは派生したのではないか、と考えられる。

脳と身体の大型化したルドルフェンシスはすでに、異なる派生的特徴をたくさん備え、それなりに特殊化してしまっているので、ここからさらにホモ・エレクトスが分岐したとは考えにくい。ホモ・エレクトスという真に人間的な種は、まだ多様性をかかえ、原始的特徴をたくさん残すハビリスから分岐したと考えるのが、進化的に最も自然な形だ。

となると一八〇万年前頃のトゥルカナ湖岸には、四種ものホミニンが、同時同所的に共存していた可能性が高い。ハビリス、ルドルフェンシス、エレクトス、そしてパラントロプス・ボイセイである。このうち前三種は、石器を作っていたと考えられる。ただしいずれもオルドワン石器文化であり、石器とホミニン種との関係はよく分からない。

メアリ・リーキーは、オルドワン文化のうち、剝片剝離が複雑化していく傾向のものを「進歩的オルドワン」に位置づけたが、もしそうした石器文化が存在していたとすれば、担い手はエレクトスかもしれない。

そうした中で、東アフリカに大きな文化的飛躍が起こった。一七〇万年前、ハンドアックスとクリーヴァーという明らかに型式化された石器で構成されるアシューリアン（アシュール文化）が現れたのである。これこそ、ホモ・エレクトスの製作したものに違いない。その後、アシューリアンのハンドアックスは洗練度を高め、一六万年前頃まで東アフリカで作られ続ける。実に一五〇万年間も製作され続けたのだ。この頃、ホモ・エレクトスはとっくに姿を消しているのに、石器文化だけは後継ホミニンである早期現生人類（ホモ・サピエンス）の一部に受け継がれていた。文化とは、驚くほどに保守的なのである。

†トゥルカナ湖東岸の小さな脳のエレクトス

ルドルフェンシスはともかく、エレクトスとその母胎種と想定されるハビリスが、長期間にわたり共存していたことは、化石の上でも二〇〇〇年に確認された。

解剖学者フレッド・スプアを筆頭者にミーヴ・リーキーたちケニア国立博物館チームが主体となって『ネイチャー』〇七年八月九日号に発表した報告で、エレクトス化石の包含層より上、すなわちより新しい地層からハビリス化石が確認されたのである。場所は、トゥルカナ湖東岸イルレットで、クービ・フォラのやや南方になる。なおこの報告では、リーキー家の伝統に従い、ホモ・エルガスターの種名は用いられずホモ・エレクトスと記され、またハビリスもホモ・ハビリスと呼称されている。

まず目を引くのは、顔面を欠くものの完全に近いホモ・エレクトス脳頭蓋ER42700である。頭蓋の癒合が三分の二程度に進んでいるので、まだ若者と考えられるこの個体から、ホモ・エレクトスという種も多様性の大きかったことがあらためて浮き彫りになった。脳容量はもう成人と遜色ないはずなのに、CTで測ったそれはたった六九一ccしかなかったのだ。おそらく計測されたホモ・エレクトス脳容量としては、最小である。

では、これはハビリスではないのか。眼窩上隆起は薄く、後頭隆起も見られず、脳頭蓋の頭骨壁は薄い。矢状稜も見られる。脳容量の小ささなども含めた全体的サイズは、ハビリスによく似ている。にもかかわらず、脳頭蓋の一〇個の計測値に主成分分析という統計処理をすると、ER42700はホモ・エレクトスの分布内に納まり、ハビリスや「ホモ・ルドルフェンシス」とは遠いことが分かった。とすれば、エレクトスとせざるをえない。

注目すべきはER42700の年代で、「エリア1」地点で原位置で見つかったのだが（表面採集ではない）、アルゴン－アルゴン法で一五四万年前と年代測定された火山灰層の一・五メートル下に位置し、一六一万年前と測定される別の火山灰層よりはるか上部に位置した。ここから、一五五万年前と推定された。これまでにホモ・エレクトスであることが明確で年代の確かな最古の個体は、一九〇万年前のER2591であり、年代の若い例はオルドゥヴァイのOH12頭蓋片やダカ頭蓋（エチオピア）の約一〇〇万年前だった。ER42700の年代は、トゥルカナ・ボーイとほぼ同時代だから、年代自体には違和感はない。

だが、トゥルカナ・ボーイの八八〇ccと比べ、脳容量はいかにも小さすぎる。これを、どう解釈すべきだろうか。特にダカ頭蓋は、年代が新しいせいか脳容量が一〇〇〇ccもあるのだ。報告者らは、一つの解釈としてエレクトスも性的二型が大きかったことを想定している。ER42700は女性というわけだ。

†ハビリス個体とエレクトス個体の年代的逆転

次に述べるのが、同じ二〇〇〇年に「エリア8」で見つかったER42703標本である。犬歯から第三大臼歯までの歯のついた右上顎骨片で、頭蓋はない。

問題は、このER42703標本の種が何かだ。歯から、パラントロプスでないことははっきりしていた。それならホモ・エレクトス、ハビリスか、それともルドルフェンシスか。

チームは、この標本をエレクトスでもルドルフェンシスでもなく、ハビリスと判定した。エレクトスとハビリスでは、大臼歯の違いが大きく、同標本はエレクトスではない。第一大臼歯から第三大臼歯までを見る限り、同標本にはルドルフェンシスの持つ派生的特徴も認められなかった。そして報文に載せられた大臼歯サイズの主成分分析のグラフで見ると、ER42703は完全にハビリス・グループの分布内に位置している。ちなみにハビリス・グループは、ドマニシ人も含めたエレクトス・グループとはかなり遠い別グループを形成している。

そして、これこそがこの報文の最大のサプライズなのだが、「エリア8」のER42703標本は、一三八万年前の火山灰層より下層、一五三万年前の火山灰層より上部の層から見つかったのだ。両層間との位置関係から、ハビリスとしか考えられないER42703は、一四四万年前という若い年代が与えられた。もちろん層位的にも、ER427

00よりもずっと上部の層から見つかっている。これによりER42703は、ハビリスとして最も年代の新しい個体ということになった。これまで最も若いハビリスとされたものはオルドゥヴァイのOH13個体で一六五万年前であったから、二〇万年余も新しくなったのだ。

これまでの両種の関係については、ハビリスが先行種であり、エレクトスはハビリスが向上進化したものとする考えもあった。実際、ハビリス的な化石の最古例は、ハダールのAL666－1標本の二三三万年前であり、初期ホモという印象が強い。しかし今回の発見で、狭いトゥルカナ湖盆で最短でも四五万年間（トゥルカナ湖東岸発見の最古のエレクトスであるER2591標本は約一九〇万年前なので）、おそらくは五〇万年間以上、形態がかなり異なるホモ二種が共存していたことになり、向上進化はあり得ないことが明確になった。

報告者は、歯のサイズの違いから両種のニッチ（生態的地位）に違いがあった、と推定している。近い種が同一ニッチを共有することは生態的に考えにくいので、渓流魚のヤマメとイワナが巧みな棲み分けを行っているように、エレクトスとハビリスもある程度、棲み分けていたのだろう。より人間的な姿となり、この頃に肉の処理の効率を高めたハンドアックスも装備していたエレクトスが、肉へのアクセス度を高めていたのかもしれない。

同論文を読んだ筆者の個人的感慨を付記しておきたい。論文報告者の中にリチャードとミーヴ夫妻の長女ルイーズの名前を見つけた。ナリオコトメなど両親の遠征したトゥルカナ湖西岸の砂漠に、妹のサーミラとともについていき、化石と遊ぶ幼女期を送ったルイーズが、成長して「クービ・フォラ調査計画」を率い、両親と並ぶ成果を挙げたのだ。ルイス、メアリに始まり、次男リチャード、その妻のミーヴに受け継がれたDNAは、孫にも確実に受け渡されていた。三代にわたって受け継がれた古人類学調査史に、ルイスがケニアで初めて考古学調査を始めて八一年になる〇七年時点でもさらに新しい一ページが書き加えられた。

†一五〇万年前の足跡化石

イルレット地域では、その後も重要な発見が続いている。『サイエンス』〇九年二月二七日号で、一五三万〜一五一万年前の二枚の地層から、ホモ・エレクトスと思われる足跡化石が発見されたことが報告された。

初期人類の足跡化石と言えば、四五頁で述べたタンザニア、ラエトリのアファール猿人足跡（三七五万年前頃）が有名だが、この発見は古さでそれに次ぎ、さらにアファール猿人よりも進歩した歩行をしていたことが推測されるなど、その意義はラエトリ足跡に劣らない。

ホミニンの足跡は、鳥類、ライオン、アンテロープ（羚羊類）といった動物の足跡に混じって、かつてぬかるみだった場所に残されていた。足跡を残したホミニンは、水を飲みに歩いていく途中か、そこから帰るところだったのではないかと考えられている。

アファール猿人足跡の項でも述べたが、足跡化石の形成・保存・発見は、人骨の保存と発見よりも幾重もの偶然性の重なった賜である。まずぬかるみに残された足跡は、その後に強い陽光で乾かされ、しかも風化して崩壊しないうちに速やかに火山灰で覆われなければならないし、しかも地中に埋まり続けていれば、現代の古人類学者に永久に発見されない。風化作用で上の土層が除かれ、しかも地表面に現れても雨・風を受けて消滅しないうちに発見されねばならないのだ。それゆえ初期人類足跡は、化石本体よりもはるかに希少性がある。

その足跡が上下に五メートル異なる二枚の地層から見つかったというのも、僥倖に恵まれたと言える。上部の地層からは三カ所で発見され、うち一カ所では七歩分の足跡とばらばらの足跡が複数個、別のもう二カ所では各二歩分の足跡が見つかった。

さらにその五メートル下層からは、歩行する二つの足跡の他に、小さな足跡が一つ発見され、チームはこれは子どものものではないかと見ている。

成人らしい足跡の長さは、平均二五・八センチもある。また足の指が短く、土踏まずがあり、すべての足跡に共通するが、親指が他の指と並行になっており、木の枝をつかみやすいように親指が離れている類人猿やアルディ、リトル・フットとははっきりと異なる。

レーザーを使って足跡の凹凸を詳細に計測したところ、かかとから着地し、親指が最後に離れるというように、現生人類と同様の歩き方をしていたことも分かった。また推定歩幅は四三・一〜五三・六センチだった。

こうした足跡長や歩幅から、身長は現代の我々と大差なく、かつ歩き方も現生人類とほとんど変わらない、歩行の現代化が達成されていたことがうかがえる。その点で、ラエトリのアファール猿人よりはるかに進歩的だ。

この足跡には、人骨化石が伴っていたわけではない。前述したように、すでにこの地域でこれより新しいハビリス化石も見つかっているので、足跡の種を断定できないが、想定される高身長と堂々たる歩き方から見て、まだ樹上適応の痕跡を残しているハビリスであるとは考えられない。だから足跡を残したのは、エレクトスと判断して差し支えないだろう。ほぼ同年代のトゥルカナ・ボーイ骨格化石から、彼らが完全な直立二足歩行者と分かっていたが、「歩行の化石」からもそれが裏づけられたのだ。

†人類史上初めての高身長ホミニン

この足跡からうかがえるように、そして七七頁のトゥルカナ・ボーイの項でも述べたように、ホモ・エレクトスは人類史上初めての長身のホミニンだった。ただ小さな脳容量しか持たないER42700頭蓋は、おそらく小柄だっただろうから、これは例外である。現代人でも二メートルを超える大男もいれば、一五〇センチに満たない女性もいる。

では、なぜアフリカ型ホモ・エレクトスにいたって、現代人的な高身長になったのか。トゥルカナ湖周辺のエレクトス集団についてだけ言えることかもしれない可能性は念頭に置いても、このホミニンの生態と環境が長身化を促したのだろう。

現代のトゥルカナ湖周辺で暮らす部族、例えばディンカ族は、男性の平均身長は約一八〇センチと高い。「アレンの法則」と呼ばれる動物生態学の原則にかなった適応である。暑い地域では、熱中症を防ぐために体温を外に逃がしやすいように、四肢が長くなるのだ。反対に極北環境に暮らしたネアンデルタール人は、現代のエスキモー（イヌイット）同様に、脚が短くずんぐりしている。この適応で、体温を逃がしにくくしている。

ルドルフェンシスについては不明なところが残るが、ハビリスはかなりの低身長だったようだ。これは、彼らがなお樹上適応の形態をとどめていることとも辻褄が合う。樹上性であれば、暑さはしのげる。しかしホモ・エレクトスのようにサバンナに進出したとなると、ハビリスのような形態ではとても暑さに対処できない。トゥルカナ・ボーイや東アフリカのエレクトスが示した高身長は、現生のディンカ族のようにサバンナに適応した形態だったのに違いない。

†一二〇万～一一〇万年前の最古のヨーロッパ原人

アフリカの古人類記録には、いくつかの時代的欠落があるが、皮肉にも一〇〇万年前より新しい化石記録となると、とたんに乏しくなる。したがってアフリカのホモ・エレクトスの消滅については、詳しくは分からない。

ただ二〇〇万年前前後からそれ以降に、ここを貯水池にして何波かがスエズ地峡を越えたことは明らかだ。その中には、ハビリス的な早期ホモも混じっていた可能性は、最近のドマニシ（ホモ・ゲオルギクス）と後述するホモ・フロレシエンシスの発見で否定できなくなった。彼らが、なぜアフリカを出ていったのかはよく分からないが、ドマニシ化石群の中にはホミニンに混じってアフリカ系の動物化石も目立つので、二五〇万年前頃からの気候変化の余波で出アフリカした動物たちについていったとも考えられる。草食獣がまず移動し、それを肉食獣とホミニンが追ったということなのだろう。

東に向かったホモ・エレクトスであるジャワ原人や北京原人については、類書を参照していただくとして、ここではむしろ西のヨーロッパに向かった集団について少し述べておきたい。最近、スペインで古いホミニン化石が次々と見つかっているからだ。

『ネイチャー』〇八年三月二七日号に載った報告は、ついに「ヨーロッパ原人」の年代が一〇〇万年前超えをした点で画期的である。ヨーロッパでの古人類の存在は、これまでフランスなど西欧各地で一〇〇万年前台の石器が見つかっていたことから確実視されたが、今回はその実体が浮かび上がったのだ。それは、スペイン、アタプエルカ山中のシマ・デル・エレファンテ洞窟TE9層で見つかった一部歯のついた下顎骨破片だ。同洞窟は、これまでヨーロッパ最古と見られたホモ・アンテセソール化石群（約八〇万年前）を出したグラン・ドリナ洞窟（TD6層）、最古の完全なホモ・ハイデルベルゲンシス頭蓋（約三五万年前）を出土したシマ・デ・ロス・ウエソス洞窟に近接している。

ヨーロッパ最古のこのヒト下顎骨化石は、左右の部分が欠けた前方部分（下顎結合部）だけで、おそらく同一個体と見られる遊離した左下顎第四小臼歯も見つかった。形態は、グラン・ドリナ出土の類似部分標本やアフリカ型ホモ・エレクトスと大きくは異ならない。前方から見た面などの形態は、OH7やOH13などと似ていて、特にドマニシ標本と類似性がある。また裏側から見た結合部や顎の歯槽部分の形は、こうしたホミニンから派生したことを示しているという。スペインの研究チームは、暫定的にホモ・アンテセソールに位置づけた。

化石そのものはこのように不完全なのだが、重要なのは人骨に石器三二点と石器のカットマークのついたウシ科などの動物骨が伴っていたことだ。

石器は、近くの石材をホミニンが洞窟内に持ち込んで製作していたらしい。石屑五点が存在すること、中型のチャート剝片二点がいずれも同一母岩から製作されたと思われることから、それが分かる。オルドワン石器文化に属し、ウシ科動物の脊椎骨や下顎骨の一部には、石器を使って骨髄や舌を取ろうとしたと思われるカットマークや打撃痕が認められた。

アタプエルカ山脈はスペイン北西部にあり、今は冬季に積雪する。しかしホミニンがアタプエルカ山中をうろついていた時は、温暖期だったのだろう。その年代がいつ頃なのか。石器や獣骨の包含されていたTE9層は、古地磁気年代、共伴した古生物群、そして石英粒子の宇宙線起源核種の三つから、一二〇万～一一〇万年前と推定された。

まず、TE9層は逆帯磁していたので、松山逆磁極期（一七八万～七八万年前）と判定された。またTE9層で見つかったイタチ科パンノニクティス・ネスティィイは鮮新‐更新世の生き残り種で、イタリアで一四〇万年前頃とされた化石床から出ている。その他の動物化石も、古い様相を示している。

とどめは宇宙線起源の二つの放射線核種の崩壊率の差から年代を推定するアルミニウム26‐ベリリウム10年代測定法で、TE9層約一二二万年前、それより下層のTE7層は約一一三万年前と出た。下層の方が若いという多少の矛盾はあるが、古地磁気と動物相も加えて総合的に検討し、報告者は下顎骨年代を前記のように一二〇万～一一〇万年前と推定した。この年代は、グラン・ドリナ人骨より三〇万～四〇万年ほど古いことになる。

†食人をしていたグラン・ドリナのホモ・アンテセソール

グラン・ドリナ人骨群は、九四年に発見され、その三年後の九七年、『サイエンス』（五月三〇日号）に、ラテン語で（ヨーロッパの）先駆したヒトを意味する「ホモ・アンテセソール」の命名で報告された。年代は、古地磁気などから七八万年前頃と推定されている。前述のシマ・デル・エレファンテ標本がホモ・アンテセソールだとすれば、同標本こそが先駆者にふさわしいのだが、先にグラン・ドリナの骨を基に種名がつけられていた。

第一号アンテセソール化石は、そのグラン・ドリナ洞窟のTD6層から発掘されたのだが、少なくとも六個体分に及ぶバラバラになった人骨が九四年から九六年にかけて八〇片以上も発見された。一つだけ完全に近い頭頂骨片が見つかっており、推定脳容量は約一〇〇〇ccという。同じように獣骨が約三〇〇片ほど、ハンドアックスを含まないオルドワン型の石器が二〇〇点ほど、人骨に伴った。

衝撃的だったのは、人骨がすべてバラバラで、しかも獣骨同様に四分の一近くの人骨に石器のカットマークがついていたことだ。中には、骨髄を取り出そうとした痕跡も見られた。しかも人骨は、獣骨と同様に無造作に放置された状態だった。調査に当たったスペインの古人類学者ホアン・ルイス・アルスアガは、発掘されたグラン・ドリナ人は食人（カニバリズム）の犠牲者だったと判断している。

人骨など遺物は、土中で埋まる前に肉食獣などにかじられ、また埋まっている間は土圧を受けてバラバラになることが多いことから、古人類の食人説は考古学の黎明期に常に指摘されていた。しかしその後に研究が進むと、例えば同じようにバラバラになっていて、かつて食人が推定された中国周口店の北京原人や南アのアフリカヌス猿人についても、食人が明確に否定されるようになった。

だがグラン・ドリナのように、人骨が獣骨と同じように割られ、また同様に石器のカットマークがついていることが明らかになれば、食人は否定できなくなる。エチオピア、ミドル・アワシュの化石ハンターにして世界的な古人類学者のティム・ホワイトは、食人研究でも世界一の研究者であり、アメリカ南西部マンコス遺跡などの先史インディアン遺跡出土の人骨（約九〇〇年前）で初めて食人の確実な証拠を示した。

その後、ネアンデルタール人ではフランスのムラ＝ゲルシ洞窟例、スペインのエル・シドロン洞窟例でも、精緻な調査の結果、食人の行われたことが確認された。古い例では一九世紀末にクロアチアのクラピナ洞窟で発掘された一〇〇〇点近いネアンデルタール人骨に食人が指摘された。ほとんどがバラバラで、点数だけは多数にのぼった。その他、クラピナに近いヴィンディヤ洞窟のネアンデルタールでも食人が指摘されている。また南アフリカのクラシーズ・リヴァー洞窟群出土の早期ホモ・サピエンスの断片的化石も食人の犠牲者とされる。現代人と異なり、飢えに苦しむこともよくあった原始人は異部族を襲って食料にしたこともあったに違いない。グラン・ドリナの例は、それが遅くとも七八万年前には始まっていたことを示した。

なお彼らが、シマ・デル・エレファンテ人の直系の子孫かは疑問がある。なぜならほぼ一〇万年周期でヨーロッパは氷期に見舞われていたので、両者の間に確実に数回の氷期が挟まったはずだからだ。オルドワン型の原始的石器しか持たないシマ・デル・エレファンテ人がこの氷期を生き延びられたか疑わしい。直接の系統関係を持たないのであれば、シマ・デル・エレファンテ人はホモ・アンテセソールではないかもしれない。今後の類例の発見が待たれる。

†シマ・デ・ロス・ウエソスの謎のホモ・ハイデルベルゲンシス

グラン・ドリナ洞窟にヒトがいた頃、アフリカで新たな人類が出現していた。母体はホモ・エレクトスだったのだろうが、ただ彼らがいつ頃、どのようにして出現したのか、詳しくは分からない。一〇〇万年前以降のアフリカには、古人類学者の関心が乏しいからだ。

ホモ・ハイデルベルゲンシスと呼ばれる人類がそれだが、その種名から想像されるように模式標本はドイツ、ハイデルベルク近郊のマウエル採石場出土の下顎骨である。今から一世紀前の一九〇七年に、砂利採取の際に偶然に現れた。幸い化石は、科学者のもとに届けられ、翌年、太古の人類としてホモ・ハイデルベルゲンシス（ハイデルベルクのヒト）と命名された。発見の歴史としては、ネアンデルタール人、ジャワ原人（ピテカントロプス・エレクトス）に次いで古い。ただし間氷期の人類であることは明白だが、発見が一世紀以上も昔のことで、出土地層も不明なので、年代ははっきりしない。おそらく五〇万年前前後のものなのだろう。

マウエル下顎骨の子孫がその後の氷期を生き延びられたかどうか不明だが、アタプエルカ山中のシマ・デ・ロス・ウエソスで、三五万年以上前の大量のハイデルベルゲンシス人骨が見つかっている。これがマウエル下顎骨と結びつくのか、それともアフリカから新たに移住してきたハイデルベルゲンシスの子孫なのか、よく分からない。前者だとすれば、この間に最低限一回の氷期を挟んだことになるから、考えにくいことは確かだ。

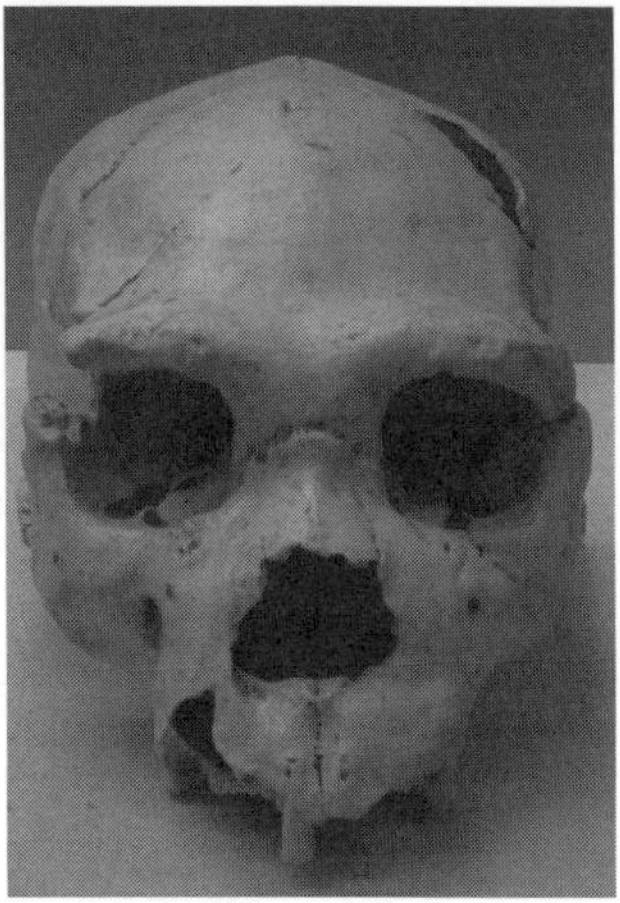
アタプエルカ5号頭骨

シマ・デ・ロス・ウエソス人骨には、近接するグラン・ドリナ標本と違って、人為的な損傷を受けた例は絶無だ。アタプエルカ五号のように、ネアンデルタール人より古いヨーロッパ人骨としては唯一の完全な頭蓋も見つかっている。

遺跡は縦穴状の洞窟で、人骨がバラバラな産状から、病死などで死んだ亡骸が投棄され、そこにホラアナグマが入り込んで踏み砕いたと考えられている。投棄した人たちに死者を悼む気持ちがあったとは思えないが、人類史で最初の集団墓とも言えるかもしれない。少なくとも三二個体分が識別されているが、その大半が若齢個体であるのは、謎の一つだ。ヨーロッパ先住民であることが確実なネアンデルタール人が現れるのは、この後しばらくしてだが、シマ・デ・ロス・ウエソスからネアンデルタール人が進化したかどうかは、まだ分かっていない。

†アフリカのハイデルベルゲンシスからネアンデルタール人の祖先が派生

そのハイデルベルゲンシスの郷土であるアフリカの証拠は、前述した理由で乏しい。アフリカで最も完全なハイデルベルゲンシス頭蓋は、一九七六年にエチオピア、アファール三角地帯のボドで見つかった約六〇万年前のものである。その後、別の頭蓋片や上腕骨などが近くで見つかった。大きな顔面を備えたこのボド頭蓋は、別の意味でも注目された。眼窩の周りや前頭部、後頭部などいたる所に石器の細かいカットマークがついていたのだ。この個体の死の前後、まだ肉がついていた時に、何らかの理由で肉が削ぎ取られたことが分かる。それが食人なのか、何かの儀礼なのかは、不明だ。

一三〇〇ccと現生人類ほどに脳容量を拡大させていたボドのハイデルベルゲンシスは、おそらくアフリカに残ったエレクトスから派生したものに違いない。このハイデルベルゲンシス集団の中から、後のホモ・サピエンスとホモ・ネアンデルターレンシス（ネアンデルタール人）

が派生した。ただ古人類学者の中には、中間にさらにホモ・ローデシエンシスやホモ・ヘルメイという人類種を挟むよう提唱する人たちもいる。

それはともかく、この集団からまず分岐したのは、ネアンデルタール人の祖先であった。それは遺伝子証拠から、四七万年前頃とも四四万〜二七万年前とも言われる。今ではネアンデルタール人の骨から核DNAを抽出し、塩基配列を読めるようになっているので、分岐年代としてそのような計算値が提出されている。

アフリカ生まれのネアンデルタール人の祖先は、ほどなく出アフリカし、ヨーロッパにまで進出し、定着した。その一部がシマ・デ・ロス・ウエソス人だった可能性もある。

ヨーロッパには、約一〇万年ごとに極寒の氷期が襲ってくる。ネアンデルタール人のがっしりした体格や顔面の特徴などはその中での寒冷適応を受けた結果と判断されるので、ネアンデルタール的体形は少なくとも一度は氷期を経た証拠と推定できる。

その最初のネアンデルタール的特徴の萌芽は、二〇万年頃のドイツのエーリングスドルフ人に見られるが、フランス北東部のビアーシュ＝サン＝ヴァーストから出土した頭蓋は、完全なネアンデルタール的特徴を備えていた。その年代は、はっきりとはしないものの一五万年前より古そうだ。つまりエーリングスドルフ人とビアーシュ＝サン＝ヴァースト人の間、ステージ6氷期の初期に、ネアンデルタール人は形成されたのだろう。

第六章　現生人類の出現とネアンデルタールの絶滅（四〇万〜二・八万年前）

【本章の視点】

我々、現生人類ホモ・サピエンスは二〇万年前頃にアフリカで誕生したが、その頃、ヨーロッパでは後のネアンデルタール人が形成途上だった。生物種としてのホモ・サピエンスの形成前に、象徴化や長距離交易などといった行動面の現代化がアフリカで徐々に始まっていたことが最近になって分かってきた。それらの様々な要素が少しずつ整った一〇万年前頃、一部の現生人類が出アフリカして中東に進出する。だがその先に先住人類であるネアンデルタール人が分布していたためか、移住の波はいったん途絶したようだ。

その後、六万年前頃に現生人類による再度の出アフリカが起こった。まず東に向かったその波は、東南アジアを経てオーストラリアに達した。次に西に向かった波は、ヨーロッパに到達し、そこで先住のネアンデルタール人と遭遇した。一万数千年間に及んだ両者の共存の結果は概ね平和的なものだったと思われ、末期にわずかに交流のなされた痕跡が残るが、文化的に進歩した現生人類に圧倒され、二・八万年前頃にネアンデルタール人はイベリア半島南端で最終的に絶滅した。絶滅の直前に彼らはシベリアまで分布域を広げており、また中東にいた彼らの一部は現生人類と交雑を起こしたらしい。

現生人類とネアンデルタール人の生態と文化、両者の関係を探る。

†脳が大型化し、咀嚼器が弱まった

現生人類とも解剖学的現代人とも呼ばれる我々ホモ・サピエンスは、アフリカのどこかでホモ・ハイデルベルゲンシス、あるいは時にはホモ・ヘルメイとも呼ばれる集団から派生したと思われるが、それは二〇万年前頃のことである。ネアンデルタール人の祖先の波はすでにヨーロッパへ出発した後だった。

ホモ・サピエンス（現生人類）とホモ・ネアンデルターレンシス（ネアンデルタール人）は、したがって「いとこ」の関係になる。かつて人類単一種説を採る研究者の中には、ネアンデルタール人がホモ・サピエンスへと進化したと考える者がいたが、今は誤りと判明している。ヨーロッパで、両者は一万数千年間も共存し、時には接触していたのだ。

ホモ・サピエンスとはリンネの命名法で「知恵あるヒト」という意味であることは、前書きで述べた。しかし近年、サピエンス的知恵の発露とその行動は、解剖学的な現代人としての形態とは別に発展したと考えられている。

具体的に見ていく前に、ホモ・サピエンスの解剖学的特徴を簡単に挙げておこう。

まず脳を見ると、特に大脳の前頭葉が発達している。それを反映して頭頂はドーム状に盛り上がり、額からほぼ立ち上がっている。また後方から頭蓋を見ると、五角形になっている。古人類の象徴だった原始的形質である眼窩上隆起は、消失するか相当に弱まった。歯を含めた咀嚼器、特に顎の減弱も著しい。そのため顎の先が取り残されて「頤《おとがい》」が発達している。ネアンデルタール人と違って、第三大臼歯の後ろに空隙もない。咀嚼器の負担が減ったおかげで、顔面の突出は古い人類と異なり大きく弱まった。

よく誤解されるが、脳の単なる大型化はホモ・サピエンスの特徴ではない。人類史上、最大の脳容量を持っていたのはネアンデルタール人であり、平均で一五五〇ccもあり、現代人の平均一三五〇ccよりも大きいからだ。ヨーロッパの早期現生人類であるクロマニョン人の脳は、現代の我々より一〇〇ccほど大きいが、それでもネアンデルタール人よりやや小さいのだ。

一部を欠くものの、そうした特徴をセットとして備えたホミニンがホモ・サピエンスである。一般的にネアンデルタール人はそのすべてを欠き、むしろ余計である原始的特徴を極端に発達させる特殊化を遂げた。

†オモ渓谷で発見された進歩的な頭蓋

東アフリカで最初にその特徴を備えた化石が発見されたのは、実はかなり古い。

かのリチャード・リーキーが、一九六七年、フランス、アメリカとの三国国際調査隊のケニア隊長として、二二歳の若さで初めてオモ渓谷に遠征した際に発見した二つの頭蓋が、それである。六三頁で述べた事情で、リチャードはたった一年しかオモの調査を行わなかったが、この時に見つけた化石が、初期ホモ・サピエンスだ。ただオモⅠとオモⅡの二個体の年代は、当時は正確な年代測定法がなく、一応の目安として一三万年前頃と推定された。二つの頭蓋に伴った貝殻を、確実性の乏しいウラン－トリウム法で測った値だった。一部の古人類学者からは、最も古いホモ・サピエンスと重視されたのだが、当時は単一種説が主流だったこともあり、進化図式から外れるオモ標本は放置状態に置かれた。早すぎる発見のために真価が認識されなかった例は、デュボワのピテカントロプス、ダートのタウング・チャイルドなど、枚挙にいとまがないが、オモ二個体もその一例だろう。

二個体とも不完全な頭蓋だが、様子はかなり異なる。オモⅠは、頭蓋が膨らみ、短く幅広の顔面、高くせり上がった額、弱々しい眼窩上隆起など、いくつも現代的特徴を備えている。何よりも下顎に、はっきりとした頤がある。脳頭蓋の保存がよくなかったため、脳容量は測定できなかったが、一四〇〇ccほどと推定されている。

ところが同じ層位から出土したオモⅡ頭蓋には問題があった。オモⅡは、咀嚼筋が発達していたらしく、前頭部は後方に後退し、古い特徴である後頭隆起も認められた。それなのに脳容量は一四三五ccもあり、進歩した様子も見せている。古人類学界が評価に戸惑った理由も、この辺にありそうだ。ほぼ同一年代なのにⅠとⅡでかなり外観が異なるのは、今なら早期ホモ・

サピエンス集団の変異の大きさで説明できる。

†南アフリカ、クラシーズの早期現生人類

実のところ、早期ホモ・サピエンス化石はすでに第二次大戦前に中東でも発見されていた。現イスラエルのスフール洞窟とカフゼー洞窟の化石群だ。これらのホミニン化石には現代的な特徴がはっきり表れていたのだが、伴った石器がネアンデルタール人の作ったムステリアンであったこと、顔面がやや突出していたり、弱いが眼窩上隆起の見られたりする例があること、さらには年代測定法が未開発で年代がつかめなかったことなどから、ネアンデルタール人から現生人類への移行期の人類だとみなされていた。この「スフール－カフゼー化石群」は、後に年代測定法の進歩で一〇万年前前後という年代の裏づけを得たこともあり、現代人のアフリカ起源説が固まった後に、出アフリカしたばかりの早期現生人類だったと見直された。

オモの真価を古人類学界が広く認識するようになったのは、オモの調査とほぼ同時期の六六年～六八年にアメリカ、シカゴ大学の調査隊によって行われた南アフリカのクラシーズ・リヴァー洞窟群での本格的学術発掘調査によってである。科学的に管理された層位的発掘がなされ、アフリカMSA（中期石器時代）に明確なホモ・サピエンスが伴っていたことが確認された。それらの洞窟群の一つ「岩陰1B」一〇層から出土した小さな下顎骨41815化石には、ホ

モ・サピエンスの刻印である頤がはっきり存在した。年代測定に当時としては先進的な方法がいくつか試され、下顎骨化石は一二万〜一三万年前と推定された。ただ人骨には完全なものが一つもなかった。焼けた人骨片さえ見つかることから、南アフリカの考古学者ヒラリー・ディーコンは、食人があったのではないかと疑う。

洞窟のあちこちに堆積した貝層中の貝や魚骨から、彼らが海産物を利用していたことも初めて分かった。さらに驚くべきは、MSAに挟まれて、ヨーロッパでは一万年前以降にならないと出現しない細石器を構成要素にしたハウイソンズ・プールト文化が検出されたことだ。それは、層位的に九万〜七万年前とされた。

八二年に報告書が刊行され、クラシーズ・リヴァー・マウス（当時はそう呼ばれた）の先進性が明らかになって、遅れた暗黒大陸と当時広く考えられていたアフリカが実は我々現代人の原郷土であったという認識がようやく広がるようになった。

この認識は遺伝子証拠からも補強され、打ち固められた。八七年、今では古典的業績となってしまっているが、アメリカのレベッカ・キャンらによる現代の様々な人類集団から採取したミトコンドリアDNAの分析結果を報告した『ネイチャー』論文は、分子生物学界よりもむしろ古人類学界にとって衝撃的だった。その報告で、キャンらは現代人は二〇万年前のアフリカの女性を起源にしていると述べたのだ。なぜ女性かというと、ミトコンドリアDNAは女性を通じてしか子どもに伝えられないからである。

キャンらの報告は、その後、解析のソフトが不適切であったことが判明したが、その報告に刺激されて世界中で始まった遺伝子の探索は、ことごとく大筋でキャンらの指摘の正しかったことを追認した。現代人の起源はアフリカであり、それも人類史の中ではそう古くない時期のことだ、と——。

その一〇年後の九七年、ついにネアンデルタール人化石(一八五六年にフェルトホーフェル洞窟で発見された元祖ネアンデルタール人骨)からミトコンドリアDNAを抽出することにも成功したことが発表され、彼らが現代人とは異なる系統に属することが確認されて、もはや解剖学的現代人がアフリカに最初に現れたことは疑いようもなくなったのである。

†イスラエルでのホモ・サピエンスとネアンデルタール人のせめぎ合い

もちろん古人類学者と考古学者も、化石の探究を重ねた。

その成果は、八〇年代にイスラエルの三つの洞窟で測定された年代の結果で現れた。

まずケバラ洞窟で、頭蓋を欠く「モシェ」と愛称されるケバラ二号のネアンデルタール骨格の年代が発表された。この洞窟から八三年にモシェ骨格が見つかっていたのだが(そして化石人類で初めて舌骨も)、当時、最新の熱ルミネッセンス法と電子スピン共鳴法という二つの測定法で年代が測られ、八七年にモシュェの生きていたのは六万年前頃とされた。ネアンデルタール人の年代としては、まともな値であったから、誰もが納得した。

世界を驚愕させたのは、続いて発表されたカフゼー洞窟とスフール洞窟の早期ホモ・サピエンスの年代である。それまで適当な年代測定法がなかったために、ホモ・サピエンスらしい特徴を備えながらも古代的な雰囲気も残した両人骨群は、ムステリアン石器の共伴を根拠に漠然と四万数千年前と考えられていた。カフゼー洞窟では、戦前に掘り出されていた人骨群に加えて、ケバラでモシュェを掘り上げたフランスのベルナール・ヴァンデルメールシュらによる新たな発掘でさらに早期現生人類の骨が追加されていたが、この年代がケバラの発表の後の八八年に報告され、一気に一〇万年前前後の年代を示したのだ。ここにおいて、ネアンデルタール人とホモ・サピエンスの年代は完全に逆転することが明白となった。それは、同じ年にスフール洞窟人骨群の年代がやはり一〇万年前頃になることが報告され、確定的となった。キャンのミトコンドリアDNAの年代は、化石の上でも裏づけを得たのだ。

ただし一筋縄でいかなかったのは、八九年に同じイスラエルのタブーン洞窟のネアンデルタール人骨の年代がさらに一段古い一二万年前頃と出されたことにあった。どうやら中東では、ネアンデルタール人とホモ・サピエンスが、気候との関連で相互に押し合いへし合いしていたらしい。寒くなると北方からネアンデルタール人がアフリカの手前まで南進してくるが、暖かくなるとアフリカの早期現生人類がスエズ地峡を越えて北上し、ネアンデルタール人は北に退いたという筋書きである。

†ホモ・サピエンスのアフリカ起源を決定づけたヘルトでの発見

本舞台であるアフリカでも大きな成果が挙がり、ホモ・サピエンスのアフリカ起源を決定づけた。それは、ミドル・アワシュのヘルトでの発見とオモの年代の確定だ。

ヘルトはミドル・アワシュに所在し、ここをフィールドにするホワイト、アスフォー、諏訪氏らが『ネイチャー』〇三年六月一二日号でほぼ完全な頭蓋を含む人骨群を報告した。その時点では、年代の確実な紛う方なき最古のホモ・サピエンスであった。場所は、アルディピテクス・カダッバやアウストラロピテクス・ガルヒの発見地にも近い。

そのガルヒやカダッバの発見された同じシーズン、すなわち九七年の一一月一六日、リーダーのホワイトが、まずヒトが解体したカバの骨とそれに伴う石器群を発見し、さらにその一一日後に第一号人骨（BOU－VP－16／1）が見つかった。その後の調査で、成人頭蓋破片（同二号）、六～七歳くらいと見られる幼児頭蓋（同五号）を含め、歯など計一〇個体分の人類化石が回収された。残念ながら、首から下は見つからなかった。

この発見には画期的な点がいくつもあるので、少し詳しく紹介する。

まず、男性と見られるBOU－VP－16／1は、下顎と前頭骨の一部を欠く以外、ほぼ完全だった。これほど完全な早期ホモ・サピエンス頭蓋は、クラシーズ・リヴァーにもオモにもない。脳容量も測定されていて、一四五〇ccと現代人よりもわずかに大きめだ。

頭蓋を真横から見ると、頭頂部が丸く盛り上がり、ネアンデルタール人に典型的に見られる後頭部の束髪状隆起もイニオン上窩もない。耳のあたりにある骨の突起である乳様突起は大きく、突き出している。これらはいかにも現代人的だが、頭蓋は大きく、頑丈で、後頭部が強く屈曲しているうえ、眼窩上隆起も強い。こうした点から、ホワイトらはホモ・サピエンスの古代的別亜種として、「ホモ・サピエンス・イダルツ」と命名した。イダルツとは、アファール語で「年長者」という意味だ。

第二に、アルゴン－アルゴン年代測定法で、正確な年代値を出したことだ。この方法は、猿人やエレクトスという古い時代の年代測定には適しているが、放射壊変が遅いために新しい時代の火山灰は測定しにくかった。だが技術進歩で、今回は化石と共存した石器の年代を一六万～一五万四〇〇〇年前と正確に割り出せた。これにより、ヘルト化石はこの時点でホモ・サピエンス最古に位置づけられることになった。

第三に、いかにもホモ・サピエンスらしい行動の痕が見られた点で重要である。二号と五号幼児各頭蓋に石器によるカットマークが見られたのが、それだ。食人も想定されるが、ホワイトらによると、その可能性はなく死後に何らかの儀式を行った痕跡だという。食人に関する研究で名高いホワイトの言だけに信用できる。それを裏づけるように、五号の頭頂部には、何かで擦った痕もついていた。何らかの祭祀行為が行われたかもしれないという。だがそれにもかかわらず、埋葬の痕跡は認められなかった。

†一〇万年前と年代確定されたオモ

だがイダルツの「最古のホモ・サピエンス」の地位は、一年半ほどしかもたなかった。〇五年二月一七日号の『ネイチャー』で、オーストラリア国立大学のイアン・マクドーガル、アメリカ、ユタ大学のフランク・ブラウンらの研究チームが、オモⅠとⅡの年代をさらに古い値に確定させたからである。マクドーガルらは九九年から〇三年まで、一年の中断を挟んだ四シーズンの調査で、まずオモⅠとⅡの出土地を確定した。同時に六七年に発見されていたオモⅠの大腿骨片と接合する大腿骨片、動物骨、石器なども発見した。

オモⅠとⅡは、厚さが合計一〇〇メートルにも達する河成層であるキビシュ層群最下層のキビシュ第一層に埋まっていた。同グループは、ここから火山灰中に含まれる大量のパミス（軽石）を取り出し、その長石を試料にアルゴン－アルゴン法で年代測定した。

キビシュ累層は、互いに不整合な四つの部層に分かれる。最下層のキビシュ第一層の、オモ

ⅠとⅡの埋まっていたほんの三メートル下位の軽石は一九万六〇〇〇年前と測定され、この不整合面を挟んだ約五〇メートル上の層の火山灰（キビシュ第三層）は一〇万四〇〇〇年前と出た。つまり両頭蓋は一〇万四〇〇〇年前よりはるかに古く、一九万六〇〇〇年前に限りなく近いことになる。そこでブラウンらは、一九万五〇〇〇年前という値を、オモⅠとⅡの年代とした。

二一世紀に入ってから相次いで発見されたヘルトとオモの二つの早期ホモ・サピエンスの出現年代は、遺伝子証拠から得られた二〇万年前という推定と重なった。遺伝子に、化石の年代的根拠が与えられたのだ。

それでは、ホモ・サピエンスの進化した二〇万年前頃のアフリカに何があったのだろうか。なぜ、彼らはアフリカで進化したのか。証拠はないが、ヨーロッパではなくアジアでもなかった理由は、アフリカが最も古い人類史を持つ大陸であり、したがってアフリカの人類集団内の遺伝的多様性がそれだけ大きくなっていたからだろう。遺伝的多様性の大きな大集団（農耕の始まる一万年前までアフリカが最も人口の多い大陸だった）の辺縁で、少数の集団が文化的、地理的に長期に遺伝子隔離されていれば、やがては隔離された小集団は遺伝的浮動を経て、母集団と異なる遺伝子構成を持つにいたり、新しい種が誕生する。その新集団が、革新的テクノロジーを発明すれば、大きな元の在来集団を圧倒するだろう。

現生人類のルーツ候補と目されているのは、南アフリカのフロリスバッド鉱泉で一九三二年に発見された一部の顔面を備えた脳頭蓋である。骨壁が厚いなど原始的側面はあるが、額がせり上がり、顔面突出が弱まっているなど咀嚼器の減弱を連想させる。遊離した右上顎第三大臼歯を基に熱ルミネッセンス法で年代測定すると、二五万九〇〇〇年前頃と出た。地質学的にも納得できる年代水準である。ホモ・サピエンスとはまだ言えないが、彼らの母胎集団に近かったのではないか、と考えられている。なおこの人骨は、一部にはホモ・ヘルメイという名前をつけて呼ばれることがある。

†アフリカで徐々に創造されたサピエンス的革新技術

だが形態的ホモ・サピエンスが形成される前に、実はアフリカで行動面の現代化が始まっていた。形態より先行した行動の現代化が、ホモ・サピエンス化を促したのかもしれない。

行動面の現代化を体系的に初めて明らかにしたのは、サリー・マクブレアティとアリソン・ブルックスというアメリカの二人の女性考古学者だ。二人は、まだ点状にしか調査されていないアフリカの考古遺跡を総覧し、そこから現生人類的行動がはるか古い段階から現れていたことを突きとめ、「革命はなかった——現代人的行動の起源に関する新解釈」という刺激的タイトルで、二〇〇〇年に刊行された『Journal of Human Evolution』誌第三九巻第五号に発表

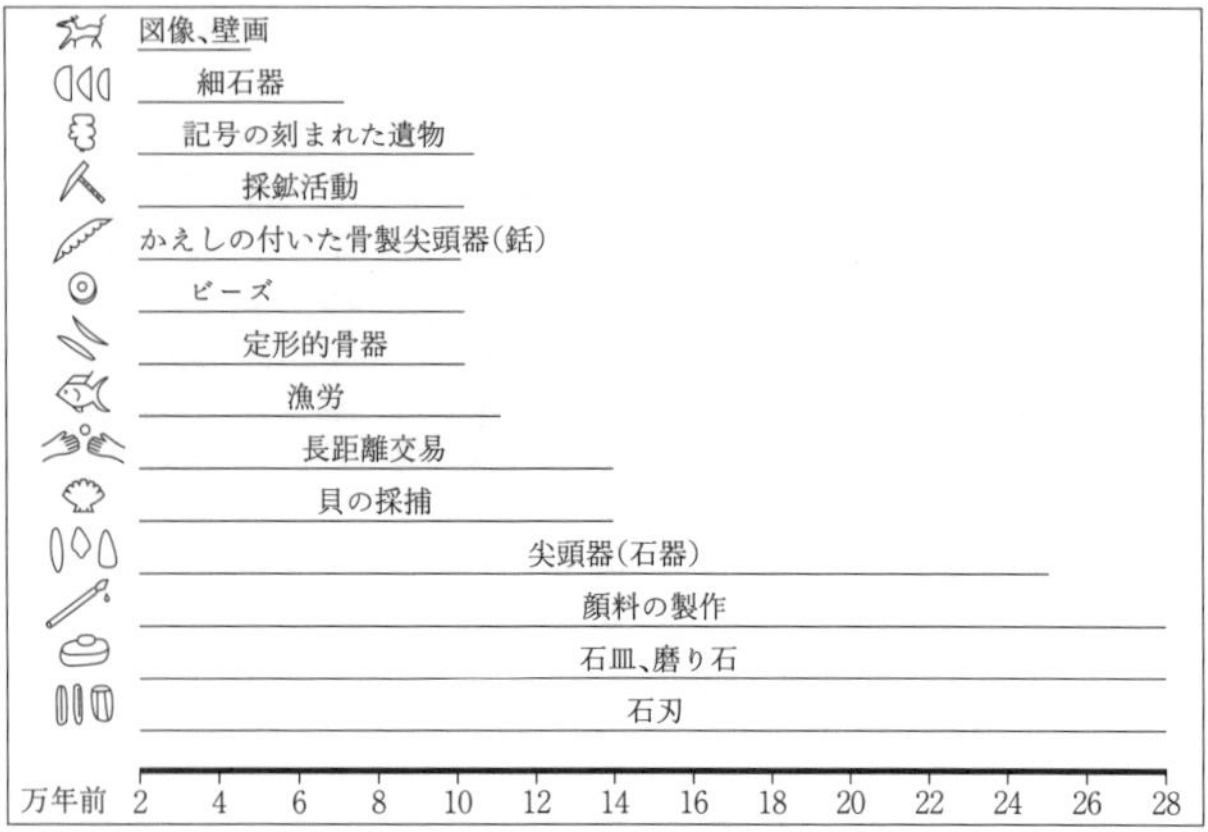

アフリカにおける現代人的行動の始まり

した。同論文は、この雑誌一冊をすべて使うほどの大論文であった。

この論文の意義は、拙著『ホモ・サピエンスの誕生』（同成社、二〇〇七年）で詳しく紹介したので、ここでは簡単に要旨を紹介するに留める。

上の図を見ていただきたい。ビーズ出現年代だけ、その後の情報を加味して同論文掲載の図を改編したが、いずれの行動もサピエンス的とされる。そのサピエンス的行動のうち、石刃、石皿、磨り石、顔料の製作はいち早く二八万年前頃に現れ、長距離交易や漁労などはやや遅れて十数万年前に始まり、最後に図像、壁画が製作された。図像、壁画を除けば、いずれもヨーロッパに先行する。最も遅れた図像、壁画も、実はまだ見つからないだけか、ヨーロッパのような深い洞窟がアフリカにないために残らなかっただけ、という可能性を考慮する必要があり、実はもっと早くに現れていたかもしれない。

二人が言いたかったことは、二つある。主タイトルにも明示されているように、アメリカのリチャード・クラインが主唱し、当時、多くの考古学者・古人類学者の賛同を得ていた「神経学説」に反論し、同時にそのような見方こそアフリカの先進性から目を背ける白人科学者の偏見だ、という指摘だ。ちなみにクラインは、ホモ・サピエンスの脳の神経配線に五、六万年前、突然に革命のような変化が起こり、現生人類的行動が一挙に起こったと言う。マクブレアティとブルックスは神経学説を標的に、「革命」はなく、アフリカで現生人類的行動は時間差を置いて少しずつ発展した、と反論したのだ。その背景に、ヨーロッパの早期現生人類であるクロマニョン人の達成した幻影に、科学者もとらわれていたことがあったとする。

二人の主張は、論文発表後に本格化した南ア、ブロンボス洞窟の相次ぐ発見で裏づけを得た。ここで発掘調査を続ける南アフリカ生まれの白人考古学者クリストファー・ヘンシルウッドは、人類の初めての象徴例として七万五六〇〇年前のM1層のオーカー（酸化鉄鉱石片）に線刻がつけられていた例を見つけ、『サイエンス』〇二年二月一五日号に発表した。たった二点だが、三角柱のようなオーカー表面に竹矢来に似た線刻がつけられていた。意味は不明だが、ヒトが何らかの理由で記録を残したのだ。なお同洞窟では、顔料の材料となるオーカーが、大量に出土した。おそらくボディ・ペインティングに用いられたのだろう。また、その前年、ヘンシルウッドとフランスの考古学者フランチェスコ・デリコらは、同じM1層で出る獣骨にやはり何かの模様が彫り込まれた例を報告している（『アンティキティ』〇一年七五号）。

これに関連すると思われる貝製ビーズも発見されており、ホモ・サピエンスの表徴である象徴化が七万五六〇〇年前には南アフリカで（おそらく東アフリカでも）開花していたことが証明された。

†長距離交易の開始、装身具の発明などの革新

新しい生業形態である海岸や大河川、湖沼での漁労の開始は、新しい食料資源の開発を意味するから、生存の上で明らかに有益だった。クラシーズ・リヴァー洞窟群やブロンボス洞窟でも岩礁性の大きな魚や貝が捕らえられており、内陸のコンゴ民主共和国のカタンダ遺跡では巨大ナマズの骨が骨製銛とともに出た。

さらに長距離交易の開始も重要だ。このネットワークは、いざという時の避難所を確保できる保険ともなったし、交易に伴って異なる集団間でコミュニケーションをとることで文化の革新的要素を速やかに伝播させる媒介にもなった。さらに、異集団間での婚姻という形で、外部から遺伝子を相互に受け入れるのにも役だっただろう。

そうした際に重要な役割を果たしたのは、装身具に用いられたビーズだったに違いない。ブ

ロンボス洞窟のやはりM1層で全部で四一点見つかった小型巻き貝に骨製錐で開けられたと思われる穴が開けられていた（『サイエンス』二〇〇四年四月一六日号）。この巻き貝ナッサリウス・クラウシアヌスは、殻長が一センチもない小型であることから考え、食用に持ち込まれたものではない。しかもこのうち一九点の穿孔小貝殻は一ヵ所にまとまって見つかった。紐がつけられた装身具だったと考えるのが自然だろう。

実はケニアで、約四万年前にダチョウの卵殻をビーズ加工した例が見つかっている。その後さらに七万年前に遡ると見られる例も見つかった。小貝殻が入手できない内陸では、硬い素材であるダチョウの卵殻をビーズ材料に用いていたらしい。

長距離交易が始まってからやや時間を置いて、アフリカでビーズが製作されるようになったのは、接触の過程でそれぞれの集団（部族）が自己のアイデンティティーを確立しようとする意思が働いたからに違いない。装身具は、ただの飾りではない。部族のアイデンティティーの表徴であろうし、身につけることで「自分」と「他者」を区別するもの、部族内での地位を表す象徴ともなった。人類は、初めて自我を備えたのである。

ただ装身具は、長距離交易開始とほとんど同時期に作られるようになった可能性もある。というのは、ブロンボス例の発見後にイスラエルでも貝製ビーズ確認の報が続いたからだ（『サイエンス』二〇〇六年六月二三日号）。早期現生人類化石を出したスフールで一九三〇年代に発掘された二点を、博物館収蔵庫内でデリコらが再発見した。スフール人骨の年代は一〇万年前を超えるので、原郷土のアフリカではもっと古くから製作されていたとも考えられる。

このような革新的文化を一気にではなく、徐々に創造してきた早期ホモ・サピエンスが、東はアジア、オーストラリアに、西はヨーロッパへとさらに進出するのは、もう少し後のことで、その最初の東への進出は六万年前前後であったと考えられている。アフリカのいずこでかは不明だが、周囲のホモ・サピエンス部族より優位な新しいテクノロジーを開発した小集団（数百人程度の規模だった可能性がある）が進歩した文化要素をフル装備し、人口を爆発的に増やし、人口圧に押し出されるように新天地を求めていったらしいのだ。

†ネアンデルタール人をめぐる評価の上下

ネアンデルタール人は、古人類学界のスターと言える。この学問をあまり知らない人でも、ネアンデルタール人の名前だけは聞いたことがあるはずだ。当時の人類学・考古学の中心だったヨーロッパで見つかり、学界に初めて知られた古人類だったからだろうが、彼らをスターダムに押し上げたのは、目まぐるしいばかりに変転してきたその地位と知性をめぐる論議の歴史によるのかもしれない。発見以来、彼らの評価はシーソーのように幾度も浮沈を繰り返した。

発見された当初は、ナポレオン軍を追ってドイツまでやってきたロシアのコサック兵だと言われた。次いで、背を丸め、ヨタヨタ歩きをする魯鈍な絶滅人類の姿で復元された。そうしたネガティブ・イメージが長く続いた約半世紀後、ネアンデルタール人発見百周年を期に「服を着て、ニューヨークの地下鉄に乗っていても誰も気がつかない」普通の人類に一気に格上げされ、さらには「死者を花を敷き詰めた墓に埋葬した」高貴で知性ある人類だと持ち上げられた。ネアンデルタール人は現代人の祖先の座にまで登りつめたのだ。

ネアンデルタール人評価の絶頂期は、一九八〇年頃までであった。前述したように、現生人類がアフリカでかなり古くから現れていたことが分かってくると、彼らは我々の祖先の地位から追われ、同時にやはりホモ・サピエンスより知性的に劣る人類と考えられるようになった。ある種の母音を発せそうにない喉頭の解剖学的特徴と考古学的にうかがえる象徴的能力の欠如とから、彼らは完全な言語を話せなかったとも考えられている。少なくとも二〇世紀末までは、その考え方が支配的だった。それがネアンデルタール人評価のボトムだったとすれば、最近はもう少し彼らの認知能力を認めようという見直しの意見も出てきている。

言語能力についても、二〇〇七年にドイツの分子人類学者ヨハネス・クラウゼらは、エル・シドロン洞窟出土の約三・九万年前のネアンデルタール人骨からDNAを抽出して解析し、言語機能に深く関わるFOXP2遺伝子でネアンデルタール人も現生人類も同じ変異を共有しているという研究成果を発表している（『Current Biology』〇七年一一月六日号）。ただ現生人類と同じ遺伝子変異を持つからと言って、ネアンデルタール人が現代人並みの言語を話せたとまでは言い切れない。言語を話せる解剖学的構造、それに複雑な象徴化を行える脳神経の配線、象徴化などのソフトウェアが三位一体で備わる必要があるからだ。

こうした数奇な運命をたどったネアンデルタール人については、過去に拙著でも詳述したし（『ネアンデルタールと現代人』文春新書、一九九九年、『ホモ・サピエンスの誕生』前掲）、発見史についてはほとんどの人類学関係書で触れられているので、そちらを参照されたい。むしろ本書では、ネアンデルタール人の認知能力と現生人類ホモ・サピエンスとの関係について少し触れ、その分布範囲がシベリアにまで広がった最近の発見に焦点を絞って、この消えた人類を紹介することにする。ネアンデルタール人は第七章で詳述するホモ・フロレシエンシスより早くに絶滅したが、孤絶していたフロレシエンシスと異なり、おそらく現生人類と若干のコンタクト、交流を持ったことが確認されている唯一の絶滅人類だからだ。

†オーリナシアンと白人化を経てヨーロッパへ

ヨーロッパでのネアンデルタール人と現生人類との共存期間は、けっこう長かった。それだけに、当然に遭遇する機会は多かっただろう。後述するように、長く否定されてきた交雑の可能性すら最近では浮かび上がってきた。

前にも述べたがアフリカで誕生した現生人類は、少なくとも一度は出アフリカし、現在のイスラエルまで進出していた。スフール洞窟の早期現生人類について言えば、早ければ一三万年前にスフール洞窟に居を構えた可能性がある。

しかしスフールとカフゼーの早期現生人類は、そこから先にはまだ進めなかったようである。遺伝子証拠から見て、比較的暮らしやすい東南アジアにさえ六万年前にならないと進出していない。西のヨーロッパへとなると、さらに困難だった。当時は、七・五万年前頃から始まったステージ4の氷期が続いていた。六万年前頃から多少温暖なステージ3の間氷期に入るが、現代の間氷期と比べてかなり寒いマイルド間氷期であった。ヨーロッパに進出するには、寒さ対策のそれなりの装備が必要だった。

またヨーロッパは比較的緯度が高く、紫外線量が減るために、肌が黒いとカルシウム代謝に必須のビタミンD合成が阻害される障害も待ち受けていた。現代人でもアフリカ系など肌の黒い家族のヨーロッパ育ちの子に、紫外線量不足が基で骨形成異常が現れることがある。アフリカ出身の早期ホモ・サピエンスは、当然に肌の色が黒かったはずで、ヨーロッパ進出にはその前の「白人化」が必須だった。しかも、そこには一〇万年以上の歴史を持つネアンデルタール人がいた。

中東で、ホモ・サピエンスが東方オーリナシアン（東方オーリニャック文化）を成立させたのは四・七万年前頃と思われる。これには効率よく獲物がしとめられる骨製尖頭器（槍先）が備わっており、さらに骨製針も作り出していただろう。熱帯育ちにとって、寒冷地には防寒用の毛皮が必須アイテムだが、骨針は毛皮衣服に袖口をつけるなど防寒性能を高めるのに役だつ。ちなみにネアンデルタール人は骨針を作れなかったので、彼らの毛皮の防寒性能は低かったと思われる。その代わり、彼らは自らが耐寒性身体を進化させ、代謝を高めて寒冷地ヨーロッパに適応した。彼らは、毎日、現代人の倍の四〇〇〇キロカロリーほどを消費していたと考えられている。だから彼らは、完璧な肉食家であった。

†新参の現生人類とネアンデルタール人が出会った日

オーリナシアンを携えた現生人類がようやくバルカン半島に姿を見せたのは、四・六万年前頃である（ブルガリアのバチョ・キロ洞窟）。それからは一瀉千里の勢いで、四・一万年前にはイベリア半島に達した。無人の地ならいざ知らず、これは信じられないほどの拡散速度である。この直前のオーリナシアン遺跡は、南欧にもドナウ川沿いの北部ヨーロッパにもあるので、バルカン半島からの西への拡散は二つのルートが使われたと思われる。

先住民のネアンデルタール人の目に、新来の現生人類はどう見えただろうか。決して歓迎したわけではないだろうが、両集団の間で深刻な摩擦があった形跡はない。それは、当時のヨーロッパの人口が、信じられないほど希薄だったからだ。全ヨーロッパでネアンデルタール人人口は二、三万人程度だったと思われ、進出してきた現生人類も小集団だった。とすれば、オーストラリアと新大陸で起こった白人植民者と先住民の近世における衝突のような事態は、あまり起こらなかったのではないか。

ただ一つ、摩擦の可能性があるとすれば、三・六万年前頃の西南フランス、シャラント県のサン＝セゼールのネアンデルタール青年の例である。青年は頭頂部に斧様の石器を打ち込まれて骨に達するほどの重傷を負っていた。ただ彼は、その後の数カ月は生きていたようで、広範囲にわたって骨が新生していた。ネアンデルタール人が食人をしていたことは分かっているので、その餌食になりかかったとも考えられるが、現生人類に襲撃されたとも想定できる。今のところ、ヨーロッパで明確な紛争犠牲者はこの例だけなので（ネアンデルタール人同士によるものかもしれないが）、両者はほとんど完全な棲み分けを行っていたとも思われる。

†ヨーロッパの風土に適応した肉食のネアンデルタール人

ヨーロッパ先住民であるネアンデルタール人は、その風土によく適応していた。我々より倍も太い脚の関節などを見ると、ずんぐりした体軀にプロレスラーを上回る筋肉をつけていたと想像される。現生人類をはるかに上回る活発な代謝で活動のエネルギーを産生していたので、真冬でもちょっとした毛皮をかぶる程度で過ごせたかもしれない。四肢骨の比率を見ると、ネアンデルタール人は現生のエスキモー（イヌイット）並みに寒冷適応していたようだ。構造的な住居も普遍的には検出されていないので、洞窟が主な住まいだったと思われる。

その活発な代謝をまかなったのは、肉食への偏りである。ネアンデルタール人の骨を構成する炭素と窒素の安定同位体比を調べた研究では、ネアンデルタール人骨のそれは、肉食獣のオオカミやホッキョクギツネに近いものだった。骨は、生前の食物の安定同位体比を反映するので、ネアンデルタール人の肉食説を裏づける。彼らの暮らした環境は、現生エスキモー（イヌイット）の暮らす極北とよく似ていたので、植物性の食物は当てにできなかった。幸いにも冬季は行き倒れた動物が多かっただろうから、希薄な人口を養うには何とかなっただろう。前にも述べたが、痩せ細った動物でも、骨を割れば脂肪の多い骨髄と脳はいくらでも入手できた。しゃぶった後の骨は、暖を取る燃料になった。

†ネアンデルタール人も装身具を持っていた——現生人類との接触の証拠

その理由について今も議論が尽きないが、ネアンデルタール人も末期になると、現生人類のような石刃技法による石器を製作し、個人用装身具も作っていた。

北中部フランス、ヨンヌ県のアルシ＝シュル＝キュールのトナカイ洞窟で、石刃を有する現代的な石器文化であるシャテルペロニアン（シャテルペロン文化）層が検出され、そこから骨器、ネアンデルタール人側頭骨と歯も見つかっている。トナカイ洞窟は、一九四九〜六三年にフランスの先史学者アンドレ・ルロワ＝グーランによって発掘調査されたもので、最初はその先進性のために、下部にあるネアンデルタール人製作のムステリアン層と異なり、シャテルペロニアンは現生人類の作ったものと考えられていた。

それを覆したのは、フランスのジャン＝ジャック・ユブランで、ムステリアン層直上のXb層（シャテルペロニアン層）出土で、未記載のままだった一歳くらいの幼児個体の側頭骨破片を、フレッド・スプアの助力でネアンデルタール人と証明した。成人としての特徴の見出しにくい幼児骨破片でも、内耳骨迷路の形態は明確にネアンデルタール人のものだった。ちなみにネアンデルタール人が特有な骨迷路を幼児でも備えていたことは、日本・シリア調査隊がシリアのデデリエ洞窟で発掘した二歳の幼児骨、デデリエ一号でも再確認されている。

Xb層の年代は、以前に測定された放射性炭素年代の非較正値で三万三八〇〇年ほど前だが、現在では様々な要因でネアンデルタール人遺跡の放射性炭素年代値はもっと古くなると考えられており、おそらく三・六万年前かそれを超えるだろう。なお七九年、前記のサン＝セゼールでもシャテルペロニアンとネアンデルタール人骨との共伴が確認され、これによりトナカイ洞窟のシャテルペロニアンがネアンデルタール人の製作だという類例が得られた。

トナカイ洞窟で見逃せないのは、シャテルペロニアンに未製品を含むマンモス象牙製と肉食獣の歯を穿孔した装身具が見つかっていることだ。ネアンデルタール人が個人用装身具を作っていたことを示した初めての例となるのだが、その来歴が問題となった。

上部に現生人類の真性の文化であるオーリナシアン層があるから、装身具類は上部からの嵌入だという批判もあるものの、ルロワ＝グーランの発掘の精度を信じれば、可能性は二つしかない。つまりネアンデルタール人が自発的創造をしたのか、それとも現生人類の模倣や現生人類との交易による獲得、あるいは拾ったのいずれかだ。前者の立場を採るのがデリコだが、ユブランの採る後者だとすれば現生人類とのコンタクトの明白な証拠である。

デリコのような立場の研究者は多数派ではないが、自発的創造説でもネアンデルタール人の装身具の製作と現生人類との遭遇が年代的にほぼ一致するし、ヨーロッパで二種の人類が一万五〇〇〇年以上、場合によっては二万年間近くも共存していたのだから、シャテルペロニアンのネアンデルタール人が、オーリナシアンの現生人類と何らかの接触を持ち、刺激を受けていたらしいことは間違いないだろう（ただし後述するスペイン南部の二洞窟の例が正しいとすると、話は変わってくる）。

†「妖精洞窟」に居住していた現代人

両者の接触の傍証は、まだある。

実はトナカイ洞窟で見られたような、下層から「ムステリアン→シャテルペロニアン→オーリナシアン」という層位関係、特にシャテルペロニアンとオーリナシアン両者の前後関係は、必ずしも確定されたものではない。実際、シャテルペロニアンとオーリナシアンとは、ごくごく狭い同一地域のある時期に共存していたようなのである。これまでも、南西フランスのロック・ド・コンブ、ル・ピアジュ、北西スペインのエル・ペンドの三遺跡で、シャテルペロニアンとオーリナシアンの両文化が交互に現れると言われてきた。これについては異論もあったが、イギリスのブラッド・グラヴィナ、ポール・メラーズらが『ネイチャー』〇五年一一月三日号での報告で、シャテルペロニアン層に薄いオーリナシアン層が挟まっていた例を明らかにした。場所は、シャテルペロニアンの模式遺跡であるフランス中部シャテルペロン村の「妖精洞窟」である。

グラヴィナらは、妖精洞窟で行われた過去の調査（一九世紀に二回、また一九五一年〜五五年にさらに一回行われた）の再検討に、サン・ジェルマン＝アン＝レイにある国立古物博物館に保存されていた同洞窟シャテルペロニアン層出土の動物化石を加速器質量分析計（AMS）で放射性炭素年代測定した結果を加味し、シャテルペロニアンの一時期に解剖学的現代人が同洞窟に一時居住したらしいことを示した。

正真正銘のネアンデルタール人の文化である後期ムステリアン層の上に、少なくとも五枚の明らかなシャテルペロニアン層（上からB1〜B5層）が堆積していたが、下の方のB4層に集中して、エッジに細部加工された石刃、竜骨状の刃を持つスクレイパーといった明確なオーリナシアン石器が混じっていたのだ（オーリナシアン特有の基部に切り込みのある骨器もある）。さらに二〇世紀半ばの発掘では、B4層から二点の穿孔のある動物犬歯（一点はキツネ、もう一点はネコ科動物）も見つかっていた。いずれも確実なオーリナシアンに伴う装身具だ。

石器の材質も異なっていた。シャテルペロニアン石器には在地の低品質のフリントが用いられているのに対し、オーリナシアン石器には、妖精洞窟から少なくとも一〇〇キロ北方の遠隔地産の高品質フリントが用いられていた。ネアンデルタール人は長距離交易をしていなかったと考えられる一方、アフリカ起源の現生人類はすでにこれより一〇万年近く前から故郷のアフリカで長距離交易のネットワークを備えていたから、材質に違いがあるのも理解できる。

グラヴィナらの再調査で、B4層のどこかに薄いオーリナシアン文化層が挟まっていたことが分かった。過去の発掘は、現在ほど緻密ではなかったので、薄い層を識別できなかったと考えられる。だから現生人類の妖精洞窟の居住は、ごく短期に留まったに違いない。

グラヴィナらは、B層各層の放射性炭素年代値から、ごく薄いオーリナシアン層は三・六万〜三・九万年前（未較正）と推定した。これを較正した実年代に引き直せば四・一万〜四・二万年前前後で、フランスに移住して来てさほど時を経ていない頃だ。だからオーリナシアンを備えた現生人類はフランスではまだ少数派だったのだろう。妖精洞窟に仮の宿を見つけても、先住者であるネアンデルタール人部族にすぐ追い出されたのではないだろうか。

†貝製装身具はネアンデルタール人の発明か

ただ妖精洞窟の結論には、翌年に論文で「原因は攪乱によるもの」と反論がなされた。ネアンデルタール人復権を目指す活発な研究者である前記のデリコ、それにポルトガル人でイギリス、ブリストル大学教授のジョアン・シルハンらによるもので、彼らにすればグラヴィナらの結論に立つとネアンデルタール人がシャテルペロニアンを自立的に発展させたとする自説が揺らぐことになるから、当然の反論とも言える。

そうした一貫した姿勢で、彼らは『Proceedings of the National Academy of Sciences（アメリカ科学アカデミー紀要）』誌一〇年一月一九日号で重要な発表を行う。スペイン南部の二つの洞窟で五万年前頃のムステリアン層から貝製装身具などを発見したというのだ。出土層がネアンデルタール人の文化であるムステリアン層であることに加え、この年代には現生人類はイベリア半島にまだ達していないので、層位と年代が正しければネアンデルタール人の装身具や身体装飾の証拠となり、まさにネアンデルタール人も象徴化を自立的に発展させていた証明になる。

クエヴァ・デ・ロス・アヴィオネス（アヴィオネス洞窟）では、アカンソカルディアとグリシメリスという二枚貝の殻頂に穿孔された遺物が三点、黄色と赤の顔料の塊のそばで見つかり、一枚の貝殻の内側には赤鉄鉱や黄鉄鉱などの顔料の一部が残っていた。また別の洞窟クエヴァ・アントンでは、やはり穿孔された長さ約一二センチのホタテ貝殻の裏側が赤鉄鉱と針鉄鉱でオレンジ色に着色されていた。しかもその洞窟は、六〇キロ内陸に入った所だった。

貝殻に顔料が残っていたのは、身体彩色の際のパレット代わりに使われたからだろうし、穿孔されていたので携帯していた、あるいは装身具として首にかけられていたとも考えられる。シルハン、デリコらが指摘するように、これまでにアフリカと中東で同種の遺物が出ており、これらは現生人類が何らかの身体装飾を行っていた証拠と考えられた。だからシルハン、デリコらは、ヨーロッパのネアンデルタール人はアフリカの同時代者、つまり現生人類とほとんど変わらない現代人的行動と象徴思考があったのだと説く。するとシャテルペロニアンは、ネアンデルタール人が自立的に発展させたことに疑いはなくなる。

ただムステリアン層からの象徴関連遺物はこれが初出であり、評価を慎重にさせる。撹乱による上層からの嵌入でないかどうかの吟味が必要だ。シルハンらは、両洞窟の木炭を試料に放射性炭素年代を測定する予定だが、問題は五万年前だとすると放射性の炭素14はかなり減っているので、測定限界に近いことである。その点で年代についても、まだ不確実という段階だ。逆に放射性炭素年代で四万年前前後の値が出れば、到来したばかりの現生人類からネアンデルタール人が入手した可能性も出てくる。

†ネアンデルタール人分布圏はシベリアまで拡大

ネアンデルタール人の話題で最近の特筆すべきトピックスと言えば、その分布圏がこれまで考えられていたよりもはるか東方に拡大したことだろう。これまでの東限であるウズベキスタンのテシク゠タシュ洞窟より二〇〇〇キロも東方まで、一挙に広がった。ドイツ、マックス・プランク進化人類学研究所のヨハネス・クラウゼ、スヴァンテ・ペーボらのチームが、『ネイチャー』〇七年一〇月一八日号で報告した。

新たにネアンデルタール人の遺跡と確認されたのは、シベリア南部アルタイ山中のオクラドニコフ洞窟である。この洞窟では従来からムステリアン石器が発見され、ネアンデルタール人が居住していた可能性が考えられたが、想像を超えるほどの東方だったために、分布圏としては想定されていなかった。

その東限を確定するために、ペーボらのチームは、テシク゠タシュ標本の大腿骨とオクラドニコフ洞窟の三本の長骨試料からミトコンドリアDNAを抽出し、データベースとして確立されているヨーロッパ・ネアンデルタール人のミトコンドリアDNA一三例の配列と比較した。テシク＝タシュは、一九三八年にソ連の考古学者アレクセイ・オクラドニコフ（オクラドニコフ洞窟の名はここから採られた）によって頭蓋を含むネアンデルタール人の子どもの部分骨格の発掘された小洞窟だが、ヨーロッパから遠く離れていることもあり、この骨が本当にネアンデルタール人かどうかには議論があった。一方、オクラドニコフ洞窟からはムステリアン石器を伴う上腕骨片や大腿骨片などの人骨片が出ていたが、断片的なため、ネアンデルタール人ともホモ・サピエンスとも確定できなかったという背景があった。

その比較の結果、二つの標本ともヨーロッパ・ネアンデルタール人の変異内にあることが判明した。極北的な環境のヨーロッパで活動していたネアンデルタール人は、シベリアにまで達していたのである。オクラドニコフ標本では、新たに放射性炭素年代も測定されており、非較正値で三万年前から三万七八〇〇年前となった。ヨーロッパ本土で現生人類に圧迫されつつあったネアンデルタール人は、辺境のシベリアに逃れていたのだろうか。

これまでシベリア各地でムステリアン文化遺跡が確認されているので、オクラドニコフ洞窟の結果から、これらもネアンデルタール人遺跡と考えてよさそうだ。そして今、古人類学者の中にはネアンデルタール人はさらに東方のモンゴルや中国にも達していたのではないか、と推定する者もいる。例えばイギリスのクリストファー・ストリンガーは、広東省の馬壩《マパ》の頭蓋片に関心のあることを、メディアにコメントした。同頭蓋は、ネアンデルタール人に似たところもあるが、ホモ・エレクトスでもなく、帰属不明とされているからだ。ただ広東省という亜熱帯性の土地柄から、おそらくミトコンドリアDNAは抽出できないだろう（二七二頁参照）。

†ネアンデルタール人はいつ絶滅したのか

広大なユーラシアを舞台に活躍したネアンデルタール人も、現生人類がコア領域のヨーロッパにまで進出してくると、一万数千年後には絶滅した。その理由は後で考察するとして、ネアンデルタール人は、いつ、どこで最後を迎えたのだろうか。

つい数年前まではスペイン南部サファーラヤ洞窟の放射性炭素年代で約二・七万年前とされたムステリアン層が、最後のネアンデルタール人の痕跡だとされていた（現在は、いくつかの理由で年代評価は否定的である）。その他、クロアチアのヴィンディヤ洞窟のネアンデルタール人骨で二・八万年前の放射性炭素年代が出ている例があり、このあたりまでネアンデルタール人は生存していたと考えられた。それより一万数千年前には現生人類はイベリア半島まで進出していたので、ネアンデルタール人の運命に現生人類の進出が関わっていたと推定された。

最後のネアンデルタール人と早期現生人類の年代は、最も歴史の古い計時法で、最も正確だとされる放射性炭素年代測定法で互いに矛盾なく測定され、疑いないものとされてきた。ちなみに同方法の原理は、シカゴ大学のウィラード・リビーによって一九四七年に発見され、遺跡に埋まった木炭などを試料に五〇年代から盛んに測定されるようになった。ネアンデルタール人遺跡に対しても、五〇年代に発掘されたイラク、シャニダール洞窟の年代測定に初めて利用されるなど、夥しい測定値が積み上げられてきた経緯がある。

それを一気にご破算にしかねない爆弾が、〇六年に炸裂した。イギリスの考古学者ポール・メラーズが『ネイチャー』二月二三日号で、これらの試料の多くは洞窟内部ではなく開口部前のテラスで採取されたものであり、地下水に溶けた新しい炭素で汚染され、実際よりもずっと新しく出ている、と問題提起したのだ。ネアンデルタール人骨ではなかったが、実際にメラーズは、洞窟内部と前のテラスで掘り出された同一層位の動物骨試料を測定してみると、四万年前級の骨で洞窟内部で発掘されたものの方が五〇〇〇年〜一万二〇〇〇年も古く出ていた。

加速器質量分析計（AMS）を用いる一九八〇年頃に開発された最新式測定法では、試料の量が旧来の方法の一〇〇〇分の一もあれば足りるようになったので、貴重なネアンデルタール人骨そのものを直接測定できるようになったのだが、これもまた新しい炭素で汚染されている可能性があるという。メラーズがイギリス国内出土の骨試料を改良された「ウルトラフィルトレーション」で前処理して再測定すると、いずれもオリジナルの値より二〇〇〇年〜七〇〇〇年も古く出てしまった。

前述した二・八万年前のヴィンディヤ・ネアンデルタール人骨も、新しい方法で前処理して再測定すると、約三・三万〜三・二万年前かそれ以前となった。

さらに大気中の放射性炭素（炭素14）は、太陽活動の影響で過去に増減を繰り返し、したがって測定値は見かけの年代であって実年代ではない、という問題もある。これを実年代に近づける較正が必要で、三万〜四万年前のものではさらに数千年は古くなることが分かっている。

つまりネアンデルタール人は、この両方の効果で従来想定されていたよりも五〇〇〇年以上、場合によっては一万年近くも前に絶滅したことになった——。

✝ヨーロッパの最果て、ジブラルタルにネアンデルタール人を求めて

しかし科学者の探究心は尽きない。イベリア半島南端にあって地中海にアフリカ側へ細く突き出たジブラルタルで、同博物館のクライヴ・フィンレイソンらは、袋小路のここそ最後のネアンデルタール人の終焉の地であった可能性を示した。『ネイチャー』〇六年一〇月一九日号で報告した論文のタイトルは、邦訳すると「ヨーロッパ最南端で最後に生き残ったネアンデルタール人」である。

スペイン領内に浮島のように存在するイギリス領のジブラルタルは、実はネアンデルタール人がかなり早くから発見されていた土地である。誰でも知っていて、したがって古人類学の啓

蒙書では必ずここから記述が始まるフェルトホーフェル洞窟(ドイツ、ネアンデル渓谷)の元祖ネアンデルタール人の発見は一八五六年のことだったが、これより八年も早い一八四八年にすでにジブラルタルのフォーベス採石場でネアンデルタール女性頭蓋が発見されていたのだ。ところが誰もその化石の価値に気づかず、地元の小さな博物館の棚に埃をかぶって放置されていて、やっと本国イギリスの学界に送られたのは一八六三年のことだった。ちなみにこのジブラルタル頭蓋は、ネアンデルタール人としてはベルギーのアンジ(一八二九年発見)に次ぐ二例目であり、名高いネアンデル渓谷のフェルトホーフェル洞窟例は実は三例目なのである。

さらに一九二五〜二六年には、ジブラルタルのデヴィルズ・タワー岩陰でさらに第二のネアンデルタール人骨(子どもの骨)が発掘されている。ただ、フォーベス採石場もデヴィルズ・タワー岩陰も古い時期の発掘なので、年代は分からない。

このジブラルタルの高さ四〇〇メートルを超える巨大な岩が突き出た海岸に、ネアンデルタール人の居住した洞窟が八カ所、確認されている。そのうちの一つのゴーラム洞窟はすでに半世紀以上前に発掘が行われ、ムステリアン石器が出土した。この洞窟で一九九九年からフィンレイソンらが再発掘を始め、〇五年までの調査でレベルⅢのソリュートレアンなどの堆積した上部旧石器文化層とレベルⅣのムステリアン層を確認した。ムステリアン層では、一〇三点の石器も出土した。

†二・八万年前の「最後のネアンデルタール」

発掘調査したのは、ゴーラム洞窟の入口から一〇〇メートルほど入った最奥部の炉址で、最奥部にもかかわらず自然光が射し込み、天井も高くて煙のこもりにくい一等地だった。その同一場所にネアンデルタール人は数千年間に何度となく訪れ、炉で火を焚いたのだ。それは、層位の検討とレベルⅣだけでも木炭を試料に二二点得られたAMSによる放射性炭素年代値で分かった。二二点の年代値は、約三・二万年前から約二・四万年前までに及ぶが、フィンレイソンらは総合的に考えて二・八万年前がネアンデルタール人の最も信頼できる最新居住年代だと結論づけた。地質化学的検討も加えて、年代値には汚染はないことを確かめている。

また直前に発表されたメラーズの論文をわざわざ引用しているように、フィンレイソンらはウルトラフィルトレーションで前処理したうえで放射性炭素年代を得ているので、年代値にはメラーズの警告した汚染の影響はないと判断できる。なおフィンレイソンらは二・六万年前を超える年代の較正はまだ不確実という理由で較正年代を出していない（較正年代の暫定値を出すとすれば三・三万年前頃となる）。

フィンレイソンらの指摘によると、前述したようにヴィンディヤは約三・三万〜三・二万年前かそれ以前に改訂されているし、イギリスの新しい部類のネアンデルタール遺跡とされるハイエナ・デンも今では三万年以上前とみなされているという。サファーラヤの年代は、今では信頼できない。三万年前より新しいとされたロシアのメツマイスカーヤ洞窟の年代も、今では少なくとも三・六万年前、ひょっとすると六万〜七万年前になるかもしれないと言われる。ゴーラム洞窟の二・八万年前は、現在のところ最も確実な「最後のネアンデルタール人」の遺跡と言える。

ここがネアンデルタール最後の地となった理由は、想像にかたくない。ジブラルタルはまさにヨーロッパのどん詰まりなのである。次々とやってくる「アフリカのイミグレ」現生人類から逃れるとすれば、ここしかなかっただろう。

ネアンデルタール人の暮らしたゴーラム洞窟の周辺環境は、岩がちの平原が広がるものの、疎林、藪地、湿地、海浜が多彩に入り混じり、そう悪くはなかった。そうした環境のゆえに、彼らは二・八万年前まで生き延びられたのだろう。ただ、多数の人口を養えなかったことは、遺跡数の希薄さからうかがえる。

その彼らの周囲でも、やはり現生人類の足音は聞こえていた。ジブラルタルの約一〇〇キロ東方、マラガのバヨンディージョはオーリナシアンの遺跡であり、年代は約三・二万年前（未較正）だ。ジブラルタル周辺の狭い領域でも、細々と生き残ったネアンデルタール人は現生人類と数千年間は共存したようである。ただこの一帯には、オーリナシアン遺跡もムステリアン遺跡もわずかしかなく、両者とも人口はかなり希薄だったようだ。またそれが理由なのだろうが、両者の交流の証しであるシャテルペロニアンは存在しないので、両者の接触はほとんどなかったとも考えられる。

†ネアンデルタールと現生人類に交雑はあったのか

シャテルペロニアンや東欧の類似文化から、そして一万数千年間に及ぶ現生人類とネアンデルタール人との共存から、両者に何らかの接触のあったことは疑いないが、それでは両者の間で交雑はあったのか。

それで想起されるのは、アメリカの著名なネアンデルタール人研究者エリック・トリンカウス（ワシントン大学）が年来主張しているように、両者の混血の可能性のある人骨だ。最初はポルトガルのラガー・ヴェルホ岩陰の男児骨格（非較正で、また汚染の可能性のある年代だけに参考値だが二万四五〇〇年前）を両者の共通の特徴を持つとして、トリンカウスは混血の可能性を指摘した（『Proceedings of the National Academy of Sciences』誌九九年一一月一四日号）。しかし、これはほとんどの古人類学者に否定された。

その後もトリンカウスは、ヨーロッパの早期現生人類化石を渉猟し、古い特徴を指摘し、ネアンデルタール人との混血の可能性を示唆し続けた。

例えば〇二年二月にルーマニア、カルパチア山脈南西部のペステラ・ク・オース、すなわち「骨の洞窟」で発見され、トリンカウスらが同誌〇三年九月三〇日号に発表した下顎骨は、AMSによる放射性炭素年代測定法で測定され、早期現生人類化石としてはヨーロッパ最古の年代を持つ標本の一例だが、これにははっきりした頤が認められる。年代は、未較正で三・六万〜三・四万年前だ(ただし汚染を除去する前処理はなされていない)。

現生人類ではあるが、全体に頑丈で、左側内側の下歯槽神経の出入り口に骨橋が見られた。この特徴がネアンデルタール人と類似するほか、第三大臼歯も前後径一四・二ミリと現生人類にしては巨大で、その点でネアンデルタール的だった。これほど大きいものを探すとなると、五〇万年前頃の人類まで遡らなければならないという。この頃、ヨーロッパでネアンデルタール人はまだ健在だったので、結論としてトリンカウスらはネアンデルタール人がその後の人類集団に遺伝的寄与をしたようだ、と記述している。

さらにトリンカウスは、ルーマニア南部、ペステラ・ムイエリ(「老女の洞窟」)で五二年に発見されていた人骨群を再調査し、同誌〇六年一一月一四日号に成果を発表、やはりこの人骨をネアンデルタール人と早期現生人類の混血の例だと述べている。

再調査したのは、頭骨片、下顎、肩甲骨で、この骨から抽出したコラーゲンを試料に直接、AMSで放射性炭素年代を測定し、約三万年前という比較的新しい値を得た(較正値に引き直せば約三・五万年前だが、汚染除去の前処理はなされていない)。

比較的新しいものの、人骨には原始的特徴と派生的特徴の両方がモザイク的に混じっていた。まず派生的特徴から言うと、細い鼻、弱々しい眼窩上隆起、丸い頭頂骨などが挙げられる。その一方で、後頭骨の束髪状の隆起といったネアンデルタール的な特徴が認められ、下顎枝や肩甲骨の形態もネアンデルタール的だという。

ただトリンカウスの説には、多くの研究者は批判的である。早期現生人類なら原始的特徴が見られるのは当然だからだ。したがってトリンカウスら一部の研究者の熱心な主張にもかかわらず、長年、古人類学界で両者の交雑の可能性については等閑視されてきた。それには、九七年に元祖ネアンデルタール人(フェルトホーフェル一号)のミトコンドリアDNAの一部解読以来、ヨーロッパ各地のネアンデルタール人と現生人類の両化石からミトコンドリアDNAの塩基配列が読み取られ、現生人類にネアンデルタール人の遺伝的寄与は全くない、と結論づけられていたことも背景にある。ミトコンドリアDNAの証拠は一、二の例に留まらず、ネアンデルタール人骨ではすでに十数例に達しているし、早期現生人類化石でも多数にのぼっていた。

†ユーラシア現代人の核DNAに受け継がれたネアンデルタールの血

しかし一〇年、ヴィンディヤ・ネアンデルタール人の長大な核DNAが解読されるに及んで、これまでの定説と異なり、両者の間にわずかに交雑があったらしいことが明らかになった。リチャード・グリーン、クラウゼ、ペーボらマックス・プランク進化人類学研究所を中心にした国際的研究チームが、ネアンデルタール人の染色体ゲノムを解読した結果を『サイエンス』一〇年五月七日号で報告したものだ。

チームは、〇六年からクロアチア、ヴィンディヤ洞窟出土のネアンデルタール人核DNAの全塩基配列解読に取り組んできた。用いられたネアンデルタール人試料は同洞窟出土の二一個体の断片的化石で、それぞれから五〇〜一〇〇ミリグラムの骨片を削り取った。すべての試料でミトコンドリアDNAの存在を確認した後、女性三個体の化石についてさらに核DNAの配列解読に挑んだ。なお三個体のうち、一個体は約三万八三一〇年前、もう一個体は四万四四五〇年前の放射性炭素年代値が与えられている（いずれも未較正）。残りの一個体は年代測定に十分な量のコラーゲンが得られなかった。

核DNAを解読できることは、すでにこのプロジェクトのスタートした翌年の〇七年に報告されていたが、約四〇億塩基対のうち約六〇％を解読し終えて『サイエンス』の報告となった。

ネアンデルタールのDNAの解読結果を、フランス人、中国漢族、パプアニューギニア人、アフリカ南部サン族、同西部ヨルバ族の五人の現代人ゲノムと比較したところ、ヨーロッパ人とアジア人の核DNAの約一〜四％はネアンデルタール人由来のものと推定された。一方で、ネアンデルタール人祖先が分岐したおおもとのアフリカでの子孫である現代アフリカ人は、ネアンデルタール人の染色体ゲノムと共有する遺伝子を持たなかった。

この結果から、現生人類とネアンデルタール人の交雑のあった場所はおよそであるが推定できる。現生人類がアフリカを出た後、ヨーロッパやアジアに拡散する前の地、中東である。ここでの交雑で生まれた子の遺伝子を持った子孫が、後にユーラシア各地に拡散していったのだ。

†中東での出会いの可能性

ただここで想起すべきなのは、化石人類のミトコンドリアDNAの解析研究を、九七年の元祖ネアンデルタール人例をスタートにずっと続けてきたペーボらのチームが、これまでミトコンドリアDNAでは一例も交雑の証拠を見出せなかったという事実である。これらの報告のたびに交雑は考えにくい、という結論で常に一致していた。ミトコンドリアDNAのわずか一万六五六九塩基対のうちの一部を読んでの結論だったからなのかもしれないが、核DNAでは情報量は格段に増える。さしずめ一万画素のデジカメでは写らなかった顔の特徴が、二〇億画素なら皺どころか細胞まで写ったというところか。

さらにミトコンドリアDNAは女系遺伝という制約があることも、交雑なしとの結論となった理由かもしれない。つまり進出してきた早期現生人類男性とネアンデルタール人女性とのただ一回の混血であれば、子孫のネアンデルタール人は絶滅してしまったのだから、我々にはその遺伝子は伝わらない。ミトコンドリアDNAの見つからなかったのは、このケースだったかもしれない。そうだったにしろ、染色体ゲノムなら、長い間に薄まっても核DNAに痕跡は残ることになる。もちろん逆の組み合わせでも核DNAに残る。

もう一つ、興味深い課題がこの研究で掘り起こされたと言える。現生人類とネアンデルタール人の分岐は、今回の研究で四四万~二七万年前の間と推定されたが、仮に六万年前に中東で両集団が出会ったとすれば、ネアンデルタール人と分岐して最短で二〇万年ほどしか経っていなかったことになる。だとすれば、まだネアンデルタール人としての種分化は起こっていなかったと考えられる。だから実際に自然状態で交雑が起こり、繁殖力のある子が生まれたのだろう。そう考えるとすれば、ネアンデルタール人をホモ・ネアンデルターレンシスとして別種に位置づけるのが適切なのかという疑問も起こる。

ネアンデルタール人の位置づけは、まだこれからも揺れ動き続けるだろう。

†赤毛で白人だったネアンデルタール

一八二頁でエル・シドロン洞窟で食人が行われていたことを述べたが、この食べかすの骨はほとんど新鮮なうちに埋まったらしく、おかげでネアンデルタール人の容貌の一端が明らかになった。

ドイツ、ライプチヒ大学のホルガー・レンプラーらは、二個体分のエル・シドロン人骨からメラニン色素の産生に関わるメラノコルチン1受容体（MC1R）遺伝子の断片を採取し、増幅して塩基配列を決定し、三七〇〇人に及ぶ現代人の解析でも見つからなかった、たった一つの突然変異を見出した。その機能を解析したところ、この突然変異でネアンデルタール人のMC1Rの活性が低下していたことが分かったという。これは『サイエンス』〇七年一一月三〇日号で報告された。その低下は、現生のアフリカ系集団とかなり異なり、毛髪と皮膚のメラニン色素の生産が不活化するほどだったらしい。だとするなら、ネアンデルタール人の頭髪は赤毛で皮膚の色も白かっただろう。肌が白ければ、ネアンデルタール人の女の子には、そばかすもあったかもしれない。実際、デヴィルズ・タワー岩陰のネアンデルタールの子どもの顔をコンピューターで復元した想像図では、白い顔にそばかすが表現されている。

ヨーロッパという紫外線量の少ない高緯度地帯で進化したネアンデルタール人であれば、白人であるのは当然予想されたことだが、遺伝子で確認されたのが重要な点だ。肌の黒かったアフリカ出身のホモ・ハイデルベルゲンシスの個体の中に、この突然変異を起こした個体がいて、それが選択されてヨーロッパに適応し、白いネアンデルタール人に進化したのだろう（白い肌の配偶者を選ぶ性淘汰の効果もあったかもしれない）。なお不活性型MC1Rの変異は、現代の白人でも別の形で起こっているので、MC1R遺伝子の活性の低下は、現生人類とネアンデルタール人で二度、別々に進化したことになる。

発話に関するFOXP2遺伝子例は二〇五頁で述べたが、これからもネアンデルタール人のミトコンドリアDNAと核DNAから、この人類の実像が浮かび上がってくるに違いない。

†ネアンデルタール人はなぜ滅んだのか

最後の課題として、ネアンデルタール人はなぜ滅んだのかという謎が残る。前にも述べたが、ネアンデルタール人が現生人類に暴力的に抹殺された証拠は、今のところはない。ただ衝突も何もなくとも、両集団の間に生存率にわずかでも差があれば、世代を重ねるにつれて一方の集団は先細り、やがては絶滅にいたる。死亡率にたった一〜二%の差があっても、一〇〇〇年経てば他集団の絶滅にいたるという試算もある。

ネアンデルタール人は肉食に特化し、しかも半分ほどの個体に骨折の痕が残るなど、精悍なハンターだった証拠が山ほどある。現代の狩猟採集民では狩猟は男性の役目だが、ネアンデルタール人は女性も子どもも狩りに参加したと考えられている。それほど狩猟に依存した集団が狩場としていたヨーロッパに、新たに進歩した石器文化を携えた異集団がやってくれば、次第に居場所も狭められたであろう。

またネアンデルタール人の歯の研究で、彼らは現生人類より早くに成長していたことが分かっている。残った化石からも、長寿者がいた証拠があまりない。早く性成熟して子どもを生み、早く老化して死亡していくという生命サイクルであったとしたら、社会的知識を学ぶ子どもの時代も短く、蓄積された生存のための知恵を授ける老人もいなかったことになる。これは、現生人類との生存競争の中で、大きなハンデとなっただろう。言語が現生人類ほど発達していなかったとすれば、なおさらだ（FOXP2遺伝子証拠は、言語能力差に否定的だが）。

しかも彼らの食は、かなりの偏りがあった。すでに魚介類まで食資源にし、広範囲の交易ネットワークを備えていた現生人類と比べると、生存の上でこれも大きなハンデとなる。

先に挙げたグラヴィナらの妖精洞窟の再調査で検出されたオーリナシアンのあったごく短期の時代は、温暖期と次の温暖期の間の短い寒冷時期だったらしい。熱帯起源の現生人類の方が、文化力によって寒さに対する適応力を備えていたことになり、ステージ3の穏やかな間氷期中であっても氷河期クライマックスに向かいつつあった頃、現生人類の圧力はネアンデルタール人に大きな負担になっていたのかもしれない。

オーリナシアンという高度な旧石器文化を携えていた現生人類は、現在の極北に近い極寒のヨーロッパでも、文化の力で寒さを克服できた。しかし古い人類の形質を受け継ぎ、さらに特殊化を強めたネアンデルタール人は、移り変わる環境変化にも適応できなかったのではなかろうか。

それやこれやで盛期でも数万人程度であったネアンデルタールの人口は、現生人類がドイツなど北ヨーロッパまで制圧した三万数千年前には、数千人、ひょっとすると数百人にまで縮小していたかもしれない。末期には、現生人類の大海に浮かぶ孤島のように、小集団で孤立したネアンデルタール人集団が、東は東欧、中央アジア、シベリア、西はイベリア半島南端にポツンポツンと点在していただけだっただろう。

そうした小集団は、ちょっとした不猟、些細な自然災害、疾病にも脆い。近親婚が増えて、遺伝的多様性も失われていた（補注　一〇年にシベリア、デニーソヴァ洞窟で発見されたネアンデルタール人女性の足指の骨のゲノム解析で近親婚が実証された）。一つ、また一つという形で小集団は静かに消えていったに違いない。アフリカを望むジブラルタルの岩に開いたゴーラム洞窟に「逃避」したネアンデルタール人は、その最後の集団であったのだと思われる（補注　二〇一四年八月、イギリスのトマス・ハイラムら国際的研究チームが、ロシアからスペインまでの全ヨーロッパのムステリアン遺跡四〇カ所の遺物の放射性炭素年代を見直し、製作者のネアンデルタール人は四万年前頃に絶滅したと報告した。これによりホモ・サピエンスとの共存期間は、従来よりずっと短い五〇〇〇年ほどに修正された。これとは別に日本、東京大学の佐野勝宏氏らの研究グループも、同年に同様の結論を得ている）。

第七章　最近まで生き残っていた二種の人類（一〇〇万？〜一・七万年前）

【本章の視点】

二〇〇三年、身長一メートル強、脳容量約四〇〇ccという想像を絶する超小型ホモ属化石が、アフリカから遠く離れたインドネシアの離島フローレス島で発見された。彼らホモ・フロレシエンシスは、狭いフローレス島で一〇〇万年間も暮らし、小さな脳にもかかわらず末期には優れた石器文化を発展させ、小型ゾウを組織的に狩猟し、その頃にはオーストラリアにまで植民していたホモ・サピエンスと交流することもなく、一・七万年前というごく最近まで生存していたのだ。しかも彼らの祖先は、すぐ近隣に住んでいたジャワ原人（ホモ・エレクトス）ではないとする見方が強くなっている（補注　その後の研究でジャワ原人祖先説が確定的となった）。人類進化とは脳が大きくなることだという常識を覆し、進化の全体像をも揺るがす発見であったため、新発見の人類は病的な現代人ではないかという強い批判も寄せられたが、あらゆる形態学研究はその可能性を全面的に退けている。では、ホモ・フロレシエンシスの祖先はどこの誰であり、彼らはどのように形成されたのだろうか。

さらに二〇一〇年には、極寒のシベリアでの「遺伝子人類」デニーソヴァ人の新発見が報告された。彼らは、ネアンデルタール人やホモ・サピエンスとも共存していた可能性が検討されている。辺境で発見された二種のホミニンが投げかける人類史の謎を追究する。

†常識を覆したインドネシア、フローレス島での発見

本書冒頭でも述べたように、人類進化の全体像を三〇〇ピースほどのジグソーパズルに喩えれば、我々はまだ三〇片ほどのピースしか手にしておらず、それで人類進化のストーリーを語っているようなものであろう。それをあらためて痛感させられたのは、インドネシア、フローレス島のリアン・ブア洞窟での二〇〇三年の科学的発掘調査で、新種人類ホモ・フロレシエンシスが発見されたという報告に接してである。欠けた部分ばかりのジグソーパズルの中でも、想像もつかないピースが突然、部屋の隅っこから転がり出てきたようなものだ。それは、従来考えられもしなかった人類進化の隠された部分に光を当てた。

〇四年、『ネイチャー』一〇月二八日号に載ったその発見を報じる論文の概要が新聞で報道された時、何かの間違いではないか、と首をひねった。権威ある科学誌に複数のレフェリーの査読を経て掲載されたから、嘘だとまでは思わなかったが、心底から「信じられない」と、しばし呆然としたものである。

論文掲載号で、同報告の論評記事を書いたイギリス、ケンブリッジ大学の人類学者マルタ・M・ラールとロバート・フォーリーは、「この半世紀で最大の古人類学上の発見の一つ」と書いた。初報を聞いた時、両氏もきっと驚愕したに違いない。その意味で〇四年は、人類学の常

識が根本的に問い直された年だったとも言えるだろう。やや大げさに言えば、太陽が西から出ることもある、と知らされたようなものだ。

この分野の研究者や科学ジャーナリストをフロレシエンシス発見が驚かせたのは、人類進化の主舞台だったアフリカから遠く離れたインドネシアの離島での、常識では考えられない発見だったからだ。それでは、発見がどのように常識外れであったのかを述べていこう。

†脳がたった四〇〇ccの一・七万年前の人類

第一に最大にして衝撃的な常識外れは、発見された全身骨格リアン・ブア1号（以下、LB1と略）が、成人だったにもかかわらず「体長約一〇六センチ、脳容積三八〇cc」と超小型だったことだ（後に脳容量は四一七ccに修正された。また身長も椎骨二つが見つかったことにより脊柱が復元でき、そこから国立科学博物館のグループは一一〇センチと改訂している）。そのため、発表直後に一部の研究者は新種であることを否定し、現代人の小頭症患者だと反論した。LB1に、J・R・R・トールキンのファンタジー『指輪物語』に登場する小人族にちなんで「ホビット」という愛称がつけられたのも、そこに理由がある。発掘でこの骨を取り上げたインドネシア国立考古学研究センターのトマス・スティクナは、土中で顔を覗かせた頭蓋があまりにも小さかったので、最初は子どもの骨ではないか、と思ったという。ところが顎が露出されると、

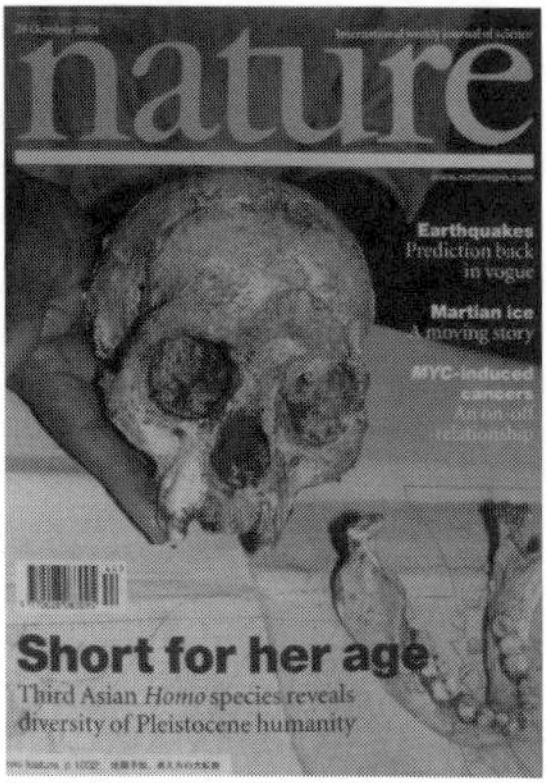

ホモ・フロレシエンシスの頭蓋
（『ネイチャー』2004年10月28日号）

顎には不釣り合いに大きな第三大臼歯（親知らず）が生えていた。成人の証拠である。しかも第三大臼歯は大きく、骨が現代人でもなさそうなことを物語っていた。

これまで本書で取り上げてきたが、超小型ホミニンは、例えばルーシーなどのように猿人では当たり前であった。ホモ属の、特にアフリカ型ホモ・エレクトスにいたって、人類は体のサイズも、また脳も大型化させた。

それでは、リアン・ブア洞窟での新発見のホミニンは、猿人なのか。しかし研究者たちは、放射性炭素年代測定法はじめ多種類の放射年代測定法を行い、相互に矛盾のない、したがって信頼できる年代値を得ていた。その結果、成人骨格LB1の年代は、一・七万年前という結論に達している。ちなみにフローレス島よりアジアから遠いオーストラリアには、遅くとも四・五万年前には現生人類ホモ・サピエンスが渡っていた。

四〇〇万年前の猿人と変わらない脳容量の一万年前台のホミニン。それをサプライズと言わずして、何をそう呼んだらいいのか。しかも一緒に出た夥しい石器群と小型ゾウの狩猟という組織的行動の痕跡まであった。石器は、進歩した石刃技法こそ用いられていないが、無骨なオルドワン文化よりずっと洗練されていた。それなのに、振り出しに戻るが脳は極小なのだ。

これまで脳の大型化は、ホモ・ゲオルギクスという例外を除けば人類進化の一貫したトレンドだった。しかし脳の大型化は人類にとって必然ではなかったのだ。むしろ超小型化という、全く逆方向への進化もありえたということになる。さらに言えば一七七万年前のホモ・ゲオルギクスでも、これほど小さくはなかったではないか。

ホモ・フロレシエンシスの等身大模型（右）。子供と並んでもこれほどにまで小さい。国立科学博物館にて。

†洗練された石器を作り、狩りもしていた

二つ目の驚きは、前述したが、そうした小さな脳でどうして洗練された石器が作れたのかだ。骨の出た層位には、鋭いエッジの剝片石器が大量に散乱していた。

また一緒にアジア大陸よりはずっと小型化していた絶滅ゾウ、ステゴドンの骨も出ており、しかも幼獣ばかりだったうえに石器の切り傷のついたものもあった。小型化していたとはいえ、ステゴ

ドンの成体の体高は一・八メートルには達していた。だから仔ゾウだけを選んで狩りをしていたことになる。そうした組織化した狩りを、小さな脳で行っていたのだ。火も、当然のように使っていた。他にも様々な魚類やカエル、カメ、今は絶滅した大きな鳥、コモドオオトカゲ（フローレス島では絶滅）などの骨が見つかっている。

第五章ではホモ属の出現を肉食と石器製作に関連づけた。高コストの脳を大型化するには、高栄養の肉食が前提であり、それには石器を作る必要があり、石器を作るには脳を発達させねばならなかったというリンケージである。

しかしフロレシエンシスの現実は違った。となると、脳の大型化は、石器製作とも優れた社会性とも必ずしも関係しないことになる。これは第二のサプライズである。

†一〇〇万年前から孤島で生きていた

三番目は、たかだか一万三五四〇平方キロという小さな孤島で、つい最近まで未知の人類が住んでいたという現実である。LB1の一・七万年前は、日本では縄文時代草創期の始まる直前に当たる。

そうした驚きや疑問が出るのは、実はすでに同じフローレス島のソア盆地にあるマタ・メンゲ遺跡で八八万〜八〇万年前（フィッション・トラック法という放射年代測定法による）の粗雑な石器の出土が知られていたからだ。九八年に『ネイチャー』三月一二日号で、リアン・ブア洞窟発掘調査を指揮したオーストラリアのマイク・モーウッド博士らがこの発見を報告していた。モーウッドらは、遅くとも八〇万年前に「ジャワ原人」が海を渡った、と指摘した。まだ航海術を持たなかったジャワ原人の渡海の報告は、学界に大きな驚きをもたらした。

ところが、これも歴史の底ではなかった。二〇一〇年、『ネイチャー』四月一日号で、モーウッドらはアルゴン－アルゴン法で一〇二万年前と年代推定された粗雑な石器群を、マタ・メンゲ遺跡からわずか五〇〇メートルしか離れていないウォロ・セゲ遺跡で発見したことを報告した。つまりフローレス島の人類史は、少なくとも一〇〇万年に達するのだ。石器は、系譜的に同じと考えられ、しかもフローレス島の位置から考え、何度も人類が往来できたとは考えられない。例えばとっくの昔にオーストラリアに行っていたホモ・サピエンスも、フローレス島にはやっと九五〇〇年ほど前に姿を現せたにすぎない。ある程度の航海手段を備えた完新世の現生人類も、一万年前にはまだフローレス島に行けなかったと考えられる。

最もシンプルに考えれば、一〇〇万年前にやってきた素性不明のホミニンが、小さな島に閉じ込められて、絶滅することなくずっと命をつないできたことになる。そのホミニンは、後述するがジャワ原人ではないから、ジャワ原人と遺伝的交流もせず、生き続けた。そんなことがあり得たのか——これが第三のサプライズであり、疑問である。

†一・二万年前の火山灰の直下で発見

しかし、これらは現実に存在した事実である。現実に一・七万年前に脳の小さな人類が石器を作り、小型ステゴドンを狩猟し、生きていたのだ。

したがって次に浮かぶ疑問は、フロレシエンシスとは誰で、いつ、どこからやって来たのか、となる。すぐに思いつくのは、フローレス島の属する小スンダ列島に隣接するジャワ島に住んでいたピテカントロプス（ジャワ原人）、つまりホモ・エレクトスとの関連だ。フロレシエンシスはピテカントロプスの子孫で、西から島伝いにやってきたという着想は、地理的に近いうえに、最初に頭蓋の形態と脳の形を研究された際にも類似性が指摘されたことから容易に考えつく。だが発見者のモーウッドが、今ではそれに懐疑的なのだ。

この疑問を具体的に追究していく前に、ホモ・フロレシエンシスの発見に立ち戻り、その具体像をもう少し詳細に見ていこう。

フロレシエンシスの骨が見つかったリアン・ブア洞窟（現地語で、「冷たい洞窟」の意味）は、フローレス島西部の山中の石灰岩地帯にある。ワエ・ラカン川に面する河岸段丘に開口し、高さ二五メートル、幅は三〇メートル、奥行四〇メートルの大洞窟だ。

洞窟は、風雨を防げるので、ネアンデルタール人などが盛んに利用していたが、フロレシエンシスもここを住まいとして利用していたようだ。しかしその利用も、彼らの絶滅と関係があるのかどうか、一・二万年前前後の火山爆発で絶えた。堆積層には、三メートルもの分厚いホワイトタフ（白色火山灰）とブラックタフ（黒色火山灰）が堆積していた。

LB1の骨は、このブラックタフの下、洞窟内地表面から五・九メートルの深さから出た。この骨の真に科学的意義の一つは、専門考古学者による科学的管理下での発掘で掘り出されたという点である。それは、リアン・ブア洞窟が人骨出土も望める考古学的に有望な遺跡という見込みがあったればこそだが、おかげでホビットの生きた環境が、かなり具体的に解明されることになった。

最初にこの洞窟に着目し、考古学的発掘を行ったのは半世紀近く昔の一九六五年、オランダ人カトリック司祭のセオドア・ヴェルホーヴェンだった。ここで新石器時代の（もちろん現生人類ホモ・サピエンスの）埋葬骨と石器などの副葬品を発見している。その後、何年もインドネシア国立考古学研究センターによる発掘が行われ、旧石器時代から金属器時代にわたる長期間の文化的継続が確認された。

このリアン・ブア洞窟発掘に劇的展開が訪れたのが、二〇〇一年、オーストラリアのモーウッドらが、インドネシア側研究者と合同して始めた発掘調査からである。その最初の年の調査で、多くの旧石器（後にフロレシエンシスの作った石器と分かる）や絶滅ゾウのステゴドンの骨とともに、ヒトの橈骨（前腕の骨）が発見された。それが、三年目の〇三年九月の世紀の大発見へとつながるのである。

†猿人並みかそれ以下の脳サイズ

その骨、LB1は、上にかぶるブラックタフから考えて明らかに旧石器人であった。ところが石灰岩洞窟の中に埋もれていたのに、化石と呼べないほど脆かった。湿気ったビスケットのようで、触れるとボロボロと崩れかけたという。そこで発掘チームは、凝固剤で固めて、周りの土ごと骨を取り上げた。そうやって姿を現したのは、ほぼ完全な頭蓋、右の脚の骨、左の寛骨（腰の骨）の他、不完全ながら左の脚の骨、そして手や足の骨などだった。これほど完全だったのに、LB1は埋葬された遺体ではなかったらしい。副葬品や人為的墓坑という埋葬の証拠が、見当たらなかったからだ。死後、洞窟の水たまりにすぐに埋没したことが、良好な保存につながったようだ。『ネイチャー』報告の時点では未発見だった右腕の骨も、その後の調査で発見された。これで、全身の八〇%という、完全に近い骨格が回収できた。

LB1骨格は洞窟東壁際に設定した二×二メートルの発掘区の「セクターⅦ」で見つかったが、この他にも、洞窟中央に近いセクターⅣの四・三メートルの深さからヒトの左下顎第三小臼歯が発見されたし、さらに別の下顎骨など少なくとも七個体分の骨も出土した。

スティクナが見とがめたように、研究者たちがLB1を手のひらに載せて観察した第一印象は、「小さい」ということに尽きる。『ネイチャー』発表時点で計測された脳容積は、三八〇cc（後に約四一〇ccに改訂された）と、類人猿とさほど変わりなかった。また七〇〇万年前のホミニン最古のサヘラントロプスの推定値三二〇〜三八〇ccよりもわずかに大きいだけで、その後のアウストラロピテクスよりもむしろ小さい。

†LB1以外の二個体もすべて超小型

脳だけが小さかったわけではない。前述したように、LB1の推定身長は『ネイチャー』発表時で一〇六センチと、極端な小ささだった。同じ熱帯で暮らしていた一五三万年前の少年トゥルカナ・ボーイの一六〇センチと比べれば、大人と子どもの違いである。ところがLB1は推定三〇歳の成人で、トゥルカナ・ボーイの方が子どもなのだ。低身長の起源をたどると、やはりアウストラロピテクスにまで遡ってしまう。

LB1の身長の推定根拠となった大腿骨長は二八〇ミリメートルだが、これまで低身長ホミニンの代表とされたアファール猿人「ルーシー」のそれの二八一ミリに匹敵する。ホモともアウストラロピテクスともされる、いわゆる「ホモ・ハビリス」のOH62の大腿骨は断片で、全体の長さはかなり不確実だが推定長として最低二八〇ミリという値が出されている。だからルーシーもOH62も、推定される身長はいずれも一メートルほどだ。脳容積と同様に小柄なLB1は、年代だけが両者と遠く離れている。ルーシーは三一八万年前だったし、OH62は一八〇万年前だ。

この小ささは、LB1個体だけの特徴ではない。ホモ・フロレシエンシスという種全体の形態的特徴なのである。そのことは、〇四年に発掘され、翌年に『ネイチャー』(〇五年一〇月一三日号)で報告された追加発見の成人下顎骨LB6で確証された。LB6の年代は、LB1よりやや若い程度だが、こちらの下顎骨も幾分かだが、むしろLB1よりも小さかったのだ。形態はアフリカ型ホモ・エレクトスやホモ・ゲオルギクスと似ていて、LB1ともどもホモ・サピエンスの特徴である頤を持たない。

この〇四年の発掘では、他に前年に掘り残したLB1の右腕(上腕骨、橈骨、尺骨)を回収し、また成人右脛骨(LB8)を含む他個体の骨を追加発見し、全部で一〇個体を超えた。LB1と同一層位で発見されたLB8脛骨もまた、極端に短い。LB1が二三五ミリあったのに対し、最大長はわずか二一六ミリだ。するとLB8はLB1よりもさらに低身長だったと思われ、一メートルそこそこだったに違いない。

一つの人類集団で、たまたま残った三標本が偶然に小さいものばかり揃う可能性は考えられない。つまり、これはホモ・フロレシエンシスの種としての特徴なのである。

以上のように模式標本のLB1個体は、フロレシエンシス全体を代表していると見て差し支えないだろう。これは、後で述べる「ホビット＝現代人」説への有力な反証となる。

†腕が樹上生活者のように長い

LB1の死亡推定年齢を、形態分析を担当したオーストラリアの人類学者ピーター・ブラウンが約三〇歳と推定したのは、歯がすべて萌出し終わり、しかも摩耗も進み、さらに四肢骨の骨端が骨幹と癒合している点などからで、妥当なところだ。腰の骨の大坐骨切痕の形から、LB1は女性と推定されたが、それにしては四肢の骨は太く、頑丈だ。骨の頑丈さから見て、これには強大な筋肉がついていただろう。

性別は不明だが、LB8も同様に頑丈で、超小柄であった。だからと言って、か弱い存在ではなかったはずだ。幼体とはいえステゴドンを狩りの獲物としていたことは、骨に石器の切り傷がついていたり、焼けた痕のある骨が洞窟内で出ていることから明白で、推定身長一一〇センチ、推定体重三〇キロでも、数人がかりでなら簡単に屠《ほふ》れたに違いない。

低身長であったから脚は短かったが、腕は相対的に長かった。上腕骨の長さを大腿骨の長さで割った上腕骨／大腿骨示数は、八五もあった。この示数は、三一八万年前のアファール猿人「ルーシー」と同じである。樹上生活者のテナガザルは、名前のとおり腕が長く示数は一三二もあるし、時たま地上に降りてナックル歩行するチンパンジーでは一〇〇程度だ。ちなみに完璧な直立二足歩行者である現生人類では、この示数は七〇程度である。ここから、LB1が猿人並みの原始性を残していたことが明らかとなる。こうなると、彼らは樹上生活者だったのかと思いたくなるが、石器を駆使して狩猟をし、しかも洞窟生活者だったので、そうではないことははっきりしている。つまり何から何まで常識外れなのである。

†脚の長さと不釣り合いに大きい足の原始性

このうえさらに奇妙にも、短い脚（leg）に不釣り合いなほど足（foot）が長かった。この事実は、『ネイチャー』〇九年五月七日号でアメリカの解剖学者で古人類学者のウィリアム・ジュンガースらによって詳細に報告された。ジュンガースらは、足長の相対的長さがあまりにも目立つことを、様々な角度から指摘している。

LB1の保存の良さは、左足がほぼ完全に残り、右足も部分的に残っていたことからもよく分かる。小さな足の骨など、通常は残らない。しかしこの完全さのおかげで、LB1の足長は一九一ミリあることが分かった。肉のついた足サイズに引き直すと、一九六ミリだという。一九・六センチの足サイズなら、小柄な現代人女性にもいないことはない。

絶対値は小さいのだが、問題は相対的長さである。脛骨が二三五ミリ、大腿骨が二八〇ミリしかなかったのに、肉のついた足長一九六ミリもあるので、それぞれの骨に対する相対的足長は、相当に大きい。大腿骨に対しては約〇・七もあり、現代人の集団内変異幅（〇・四九三〜〇・五八九）から大きく逸脱している。

ＬＢ１の発表直後、アフリカとアジアの熱帯雨林に今も住むピグミー現代人の骨だと疑う声も一部に出たが、現生ピグミー説に反論するために、相対的足長がピグミー一〇個体と比較された。その結果は最大でも〇・五六七であり、ＬＢ１は現生ピグミーからも大きく外れるのである。唯一、オーバーラップするのは、アフリカに棲むボノボだけだ。短い脚に不釣り合いな大足は、いったい何のためだったのだろうか。

古い化石人類との比較したいところだが、足の骨は乏しいので、直接の比較はできない。ルーシーも、左大腿骨こそほぼ完全に残っていたが、足の骨はない。そこでオルドゥヴァイのＯＨ８（一八〇万年前）の部分的足骨を用い、それをルーシーの大腿骨で割って得られた値と比べてもやはり大きいのだ。ＬＢ１がいかに体長に対して大足であったかが分かる。

さらに足の原始性は、拇趾（親指）が短く、それに比べて他の四本の足指は長く、曲がっていて、頑丈という特徴や、走るのに不可欠な土踏まずのアーチも存在しないという特徴からも読み取れる。

一方でジュンガースらが注目したように、直立二足歩行をする進歩的な特徴も多数存在した。

拇趾は他の四本の指と並行になっていて、類人猿のような把握能力は失っている。中足骨は頑丈で、直立二足歩行者のものである。下肢の形態からも、LB1が直立二足歩行者であったのは明らかだ。

しかしそれでも、ケニアのイルレットで発見された約一五〇万年前の足跡化石（一七四頁）から想定される足と比べても、原始的である。足跡はアフリカ型ホモ・エレクトスのものと思われるが、彼らより原始的だとしたらフロレシエンシスをどう考えればよいのだろうか。はっきり言えば、足を見る限りホモ・サピエンスのような進歩的特徴はあまりない。ホビットが、最近にいたって原始的な足を再進化させたのだろうか。それはあるまいから、そうなるとホビットの系統は、一五〇万年前よりずっと前にすでにホモ・エレクトスの系統と分岐して、今日まで古い特徴が維持されたことになる。この系統については、後にもう一度考えたい。

総合してジュンガースらは、フロレシエンシスは確かに直立二足歩行者ではあったけれども、その歩き方は現代の我々と相当に違っていただろうと指摘している。

†手首は類人猿を思わせるほど原始的

足に見られたような原始的特徴と派生的特徴のモザイク状況は、体幹部でも認められるとの指摘もなされている。

例えば、LB1は小さいけれども全くヒト的な肩甲骨を持つのに、一方で鎖骨は短くてかなり湾曲し、上腕骨は正常なねじれを欠いて真っ直ぐとなっている、などだ。こうした原始的特徴は、アウストラロピテクスか早期ホモ属に通じるものだという。

LB1の手首は、類人猿を思わせるほど原始的だという研究もある。手首の骨三個を、類人猿のものも含めて形態比較したアメリカ、スミソニアン研究所の人類学者トチェリ・マシューらは、『サイエンス』〇七年九月二一日号に発表した論文で、ネアンデルタール人とホモ・サピエンスの共有する派生的（進歩的）特徴が存在しないことを報告している。つまり何らかの疾病を持った、あるいは成長遅滞を起こした現代人では全くなく、LB1は「ホモ・サピエンス、ネアンデルタール人、そして両者の最後の共通祖先を含む」系統が起源する以前に分岐したホミニンの子孫ではないかというのだ。このグループには、モーウッドも名前を連ねている。マシューらの言わんとすることを分かりやすく翻訳すれば、手首で考える限り、ホモ・フロレシエンシスはジャワ原人（ホモ・エレクトス）の子孫ではない可能性が高い、ということだ。

†頭蓋に見られる進歩的特徴と原始的特徴

ここまで足や体幹部などの原始性について書いてきたが、当初は古人類学研究で情報量が多いために最も重要な部分として重視される頭蓋と脳が注目され、その研究を基にピテカントロプスとの関連が指摘されたことは注目されてよい。〇四年の『ネイチャー』に掲載されたピーター・ブラウンらの論文と、『サイエンス』〇五年四月八日号に掲載された後述のディーン・フォークらの論文が、それである。二つを読むと、進歩的、原始的な特徴を様々にミックスしており、フロレシエンシスの解釈は、一筋縄ではいかないことが分かってくる。

後者のフォークらの論文は、前者の論文の発表後にあちこちから起こった異論に対する有力な反論でもあったが、彼女らが反論しなければならなかった異論とは、最初にすべての人類学者が驚愕した年代の新しさと、それにそぐわない小さな脳を根拠にしたものだった。ここで時間を巻き戻し、〇四年と〇五年に指摘されたLB1の頭蓋形態と脳の特徴を詳しく見ていくとともに、異論も紹介し、その根拠の全くないことも示しておく。

〇四年の『ネイチャー』報告で形態人類学者としてLB1を分析したブラウンらは、詳細な分析の結果、フロレシエンシスをホモ・エレクトスの子孫だと見た。そのうえで脳と身体全体の縮小は、長期間、小個体群が島に閉じ込められ、遺伝的浮動によって完成された特徴だと結論づけた。この効果を「島嶼化《とうしょ》」と呼ぶ。なおこの結論は、二〇一〇年、フロレシエンシスを完成させた島嶼化の実態がイギリスの古生物学者によって解明され、確認されることになる。

最初、類人猿大の小さな頭蓋と脳容量を見た時、ブラウンらの頭にはアウストラロピテクスではないかとの思いがよぎったに違いない。しかし実際はどんなに脳が小さくても、頭蓋形態を詳細に検討していくと、ホモ属であることは明瞭となってくる。ホモ属である特徴として、まず咀嚼機能の大幅に弱まった点が挙げられる。大臼歯は小さく、顔面が突出せず脳の下に納まっている。また頭蓋底部が屈曲している。脳頭蓋上部の骨の厚さも、アウストラロピテクスよりも厚く、ホモ・エレクトスとホモ・サピエンスに類似する。

これらは、進化で現れた派生的特徴なのだが、しかしホモ・サピエンスではありえなかった。脳頭蓋は低くなっているうえ、目の上が庇のように骨が出っ張る眼窩上隆起が存在しているからだ。ただこの眼窩上隆起は、ピテカントロプス（ホモ・エレクトス）のような一本の骨稜ではない二連アーチ状を形成している。また頭蓋最大幅は、下方に位置する。したがってこの頭蓋を後ろから見ると、ホモ・サピエンスのような五角形でなく、半球状になっている。これは、大脳前頭葉が発達したホモ・サピエンスでは絶対にありえない形だ。

さらに前にも触れたように、ホモ・サピエンスなら見られるはずの下顎の出っ張りである頤も存在しない。そのうえ弱いながらも矢状稜（頭頂のとさか状の高まり）まで見られ、乳様突起（耳の後ろの隆起した骨）は小さく、その下にある乳突傍隆起は大きい。

こうした一連の特徴は、ＬＢ１がホモ・サピエンスと異なることを明らかに示すものばかりだ。だからブラウンらにすれば、こうした諸特徴を挙げて、予め現代人の小頭症患者だと考える余地のないことを断ったつもりだったのだろう。

そのうえこれらの特徴は、年代ははるかに古いが、地理的に近いピテカントロプスとの類縁関係を容易に想定させた。事実、アメリカの古人類学者スーザン・アントンのように、「形態上はホモ・エレクトスとほとんど区別できない」と踏み込んだ研究者もいた。

†根拠のない「疾病を持った現代人」説

しかしくどいようにホモ・サピエンスではありえないと明言していても、常識を逸した発見を素直に受け入れられず、あからさまに忌避する研究者たちが存在した。そこにメンツやこれまで信奉してきた自説に不都合な部分が加わると、さらに厄介なことになる。ある研究者は自分の縄張りを侵されたと感じて強い反発を示したし、今もなお頑なに人類の「多地域進化説」を信じている別の研究者も同様だった。

もはや絶滅危惧種も同然だが、現生人類は各地域にいた古型人類が多地域の人類と遺伝子交換をしながら並行して進化してきたとする多地域進化説に立つ研究者にとって、ホモ・サピエンスのいた時代に古い形態のフロレシエンシスがアジアにいたと認めることは、ヨーロッパでの現生人類とネアンデルタール人との共存以上に認めがたいことだった。彼らは、現代中国人は北京原人から、オーストラリア・アボリジニはジャワ原人から進化したと信じているからだ。

そうした様々な思惑を持つ人たちが連合して反説として挙げたのが、現代人の小頭症患者説だったのだ。一部には、リアン・ブア洞窟の地元で伝承されている数百年前まで森に住んでいたという小人（ピグミー）の骨だという説も唱えられた。

まずLB1が現代人でないことは、年代測定で明確になっている。年代測定は、骨そのものからは行われていないものの、様々な層位に包含された試料から多種類の放射年代測定法が行われていて、それらは相互に矛盾がない。

例えば〇四年報告によると、LB1に伴った木炭を正確な年代の求められるAMSで放射性炭素年代を測定したところ、ほぼ一・八万年前（較正年代）という値が出た。また、人骨包含層を熱ルミネッセンス法と赤外線励起ルミネッセンス法という二つで測った値は、三・五万年前から一・四万年前となり、放射性炭素年代値を裏づけた。LB1の下顎第三小臼歯と同じ特徴を持つ、セクターⅣ出土の前述の第三小臼歯の層を覆う石灰岩の沈積した鍾乳石のウラン系列年代は三万七七〇〇年前と出ている。さらに同じセクターⅣの深さ四・五メートルにあったステゴドン臼歯が、電子スピン共鳴法／ウラン系列法で七・四万年前と測定された。ホミニンの骨は、この層から下のさらに深い七・五メートルの層との間からも見つかっていて、熱ルミネッセンス法で最大限九・五万年前まで遡れる……。一つとして、ホビットが旧石器人であることを覆す年代は出ていない。数百年前などありえないのだ。

さらにホワイトタフとブラックタフの二枚の厚い火山灰層の上の完新世に属する地層から、

少なくとも一四個体分の形態的にホモ・サピエンスであることが明確な新石器時代人の埋葬骨が出ている。古いものでは、九六〇〇年前になるが、そこから人間一体分の関節する骨格が攪乱で火山灰層を突き抜けて下層にまで落ち込むなど、およそ考えられない。

こんなわけで、フロレシエンシスを認めない一部研究者からの現代人小頭症説や現生の低身長集団であるピグミーの一種とする反論は、時折思い出したように提起されるが、全くと言っていいほど支持を得ていない。LB1や他の骨から、ミトコンドリアDNAを抽出して配列を調べられれば、完膚無きまでに現代人説を否定できるだろうが、ネアンデルタール人や早期現生人類、後述するデニーソヴァ人の化石が埋まっていたような寒冷な環境ではないために、何度か試みたが失敗したそうだ。熱帯環境では、DNAは速やかに分解されてしまうのである。

†北京原人に似た脳の形

LB1の脳の形態研究から、フロレシエンシスが現代人の小頭症患者でありえないことは、脳の進化を研究するアメリカの人類学者ディーン・フォークらにより、〇五年の前記『サイエンス』の報告でさらに確かめられた（ホモ・エレクトスの子孫である可能性の高いことも述べられた）。フォークらは、LB1の脳の型（頭蓋内鋳型）をバーチャル復元し、他の古人類や現代人小頭症例と比較した。LB1の頭蓋は発掘に当たったスティクナも述べたように極めて脆く、中にラテックスを注入して頭蓋内鋳型を作るという通常の作業ができなかったため、フォークらはジャカルタの病院で頭蓋をCTスキャンをして研究に用いた。

バーチャル復元脳を、やはりコンピューターで三次元復元したメスの成体チンパンジー、成人女性ホモ・エレクトス（周口店XI号＝北京原人）、現代人女性、小頭症の現代ヨーロッパ人と比較し、さらに資料を補うために多数の現代人、チンパンジーとゴリラ、ホモ・エレクトス（周口店化石群とトリニール二号）、アウストラロピテクス・アフリカヌス（Sts5）、パラントロプス・エチオピクス（WT17000＝ブラック・スカル）、成人ピグミー女性のそれぞれの頭蓋内鋳型とも比較された。なおこの報告で、『ネイチャー』初報告で三八〇ccとされた脳容量は、四一七ccに修正された。

それによると形態がLB1に最も似ていたのは、側面観が長くて低い周口店XI号だった。反対に最も異なっていたものこそ、小頭症例だったのだ。フォークらは、LB1が病的な小頭症患者だったことを、完全に否定できた。

また頭蓋内鋳型の長さ、幅、高さ、前頭葉幅を測定し、その値を基に六つの比を使って統計的に比べると、LB1はホモ・エレクトスのグループに含まれ、ホモ・サピエンスやアウストラロピテクス、そして現代人ピグミーとも異なっていた。また脳サイズをボディーサイズで割った比で見ると、LB1はアウストラロピテクス並みだが、ピグミーは低身長の一方でそれほどには脳は小さくなっていないので、比率は近隣現生人集団よりむしろやや大きくなっていて、この点でもLB1と明確に異なっていた。これらを根拠にフォークらは、LB1が現代人ピグミーだとする説も一蹴した。

結論としてフォークらは、LB1のよく発達した脳回のある脳は、ホモ・サピエンスのミニチュア版でもホモ・エレクトスの小型版でもないが、エレクトスとよく似ているという事実は、両者が系統的に関係のあったことを強く推定させる、とも述べている。ただこの推定は、前述したように後に四肢骨の研究から疑問を呈せられることになった。

LB1の脳はエレクトスと類似するが、一方で前頭葉と側頭葉にはっきりした派生的特徴を備えていた。側頭葉は極めて大きく、前頭葉もひだのある、大きな脳回を備えていた。『サイエンス』誌編集者のインタビューに対し、フォークは、LB1は前頭葉に二つの大きな脳回を持つが、そのような特徴を絶滅化石人類ではまだ見たことがない、と答えている。また側頭葉と前頭葉のこの派生的特徴は、フロレシエンシスの認知能力がエレクトスよりも優れていたことを物語るものだという。小さな脳とその原始的な形態にもかかわらず、フロレシエンシスの包含層に、石核、剝離砕片、二次加工のある剝片を含む石器群が密集し、石器によるカットマークのついたステゴドンの骨、焼けた骨や熱でひびの入った岩片などから火を使った痕跡などが確認されているのも、もっともなのである。

†アウストラロピテクスなら海を渡れない

それでは、派生的特徴と原始的特徴とが混じり合ったキメラのようなフロレシエンシスとは、いったい何者なのかという課題に戻ろう。

際だつ低身長と脳容量の小ささ、腕や足、体幹部などの原始的諸特徴からすると、年代の新しさを度外視すれば、アウストラロピテクスと見てもおかしくない所が目立つ。だがアフリカの外でアウストラロピテクスは未発見だし、彼らがまだ樹上性であったとすれば、海を渡ってフローレス島にまで来られたはずはない。念のためにつけ加えれば、海水が厚い氷床という形で大陸に張りつけられ、海面が一〇〇メートル前後も低下した氷期でも、フローレス島がアジアと陸続きになることは決してなかった。氷期にアジアと一体化し広大なスンダランドの一部を形成していたジャワ島と、その点で環境は全く異なる。

スンダランドからフローレス島までに、氷期でも三つの海峡が横たわっていて、最短化した時期にあっても一九キロもの海の障壁が立ちはだかっていたとされる。

小スンダ列島の一部を成すフローレス島の西隣はスンバワ島で、そのさらに西隣がロンボク島だが、その西に位置するバリ島との間を隔てる狭いロンボク海峡は、大型タンカーも通る国際航路になっていて、最深部は一一八九メートルもある。しかも潮流は激しく、ロンボク海峡を越えられた哺乳類は、空を飛べたコウモリ、流木に乗って漂着可能だったネズミ、そして長距離の水泳が得意なゾウだけだ。この海峡が東西の動物群の往来を妨げ、その結果、ロンボク海峡を境に東西で異なる動物相を作り出している。この地理的障壁が、生物地理学的な境界線として有名なウォーレス線である。

その越えられないはずのウォーレス線を突破したとみなされたもう一種の哺乳類が、誰あろう、ヒトなのである。航海術を発明したホモ・サピエンスは、ウォーレス線どころかさらにその東のライデッカー線をも越えてオーストラリア大陸に植民した。ただそれは、四・五万年前、どんなに古く見ても五万年前が限度である。

しかしリアン・ブア洞窟では、九・五万年前までヒトの痕跡をたどれるし、前述したウォロ・セゲ遺跡では一〇〇万年前の石器が発見されている。ホモ・サピエンス以前に、海の障壁の突破者がいたのは疑いない事実なのだ。

†島嶼化だけでは説明できない

だが、これまでの記述を総合すれば、その突破者はジャワ原人ではなかった、と考えざるをえない。形態学的な分析でフロレシエンシスが首から下が原始的であったことは、ピテカントロプスの子孫の可能性を限りなく小さくしている。

モーウッド自身も、〇七年に刊行した一般向けの著作『The Discovery of the Hobbit（邦訳『ホモ・フロレシエンシス（上・下）』）で、〇四年にフロレシエンシスを初報告した時とは見解を変え、フロレシエンシスはジャワ原人の子孫ではなく、それと異なる系統の子孫ではないか、という主張を押し出している。一〇年四月、東京・上野の国立科学博物館で行われたモーウッドの講演を聞く機会があったが、フロレシエンシスはピテカントロプスの子孫ではないとする見解を、そこでもはっきりと打ち出していた。脳と体軀の縮小は、島という環境で一〇〇万年にわたって閉じ込められたことによる島嶼化によるとする考えは、当初のとおりだが、それだけではジャワ原人の脳容量九〇〇ccが半分以下の約四〇〇ccにまで縮むとは考えにくい、というわけだ。

やや横道に逸れるが、ここで島嶼化とはどういう現象かを説明しておきたい。

遺伝的交流を絶たれて孤島に移った大型哺乳類が、乏しい食資源と弱まった捕食圧、少ない競争者に適応して小型化するという動物生態学の原則が島嶼化だ（ただしネズミより小さい哺乳類は逆に大きくなる）。競争者や捕食者がおらず、食資源の少ない島では、消費エネルギーの少ない個体の方が自然淘汰上、有利に働くからだ。しかも遺伝的交流を絶たれて長期間隔離されると、個体数が少ないために、遺伝的浮動の影響を受けてこの形質が固定されやすい。

島嶼化の典型例に、陸獣最大のゾウがある。リアン・ブア洞窟の小型ステゴドンがまさにその例なのだが、同様に地中海に浮かぶシチリア島やマルタ島にいた絶滅ゾウであるエレファス・ファルコネリも、たった五〇〇〇年間で体高四メートルから一メートルにまで矮小化したという。

またアメリカ、カリフォルニア沖約三〇キロにあるサンタ・バーバラ諸島のマンモスも、やはり小型化した。この島々は、アメリカ大陸と陸続きになったことはなく、大陸にいた強力な捕食者である絶滅肉食獣の剣歯ネコはもちろん、競争相手のクマもナマケモノもいなかった。ロサンゼルスにあるランチョ・ラ・ブレア瀝青沈殿層で確認されている三八種の絶滅哺乳類と爬虫類のうち、この隔離された島にマンモスのみが海を渡れた。ゾウは泳ぎがうまいからだ。それでも北米大陸と自由往来はできなかったので、長い隔離の末に島嶼化が起こり、実際に体高約一・五メートルと、大陸の同種の半分に小型化した。

もう一つの例を挙げれば、シベリア沖の北極海に浮かぶウランゲリ島のマンモスがある。この島では、牙や骨を試料に測定したところ、新しいものでは三七三〇年前と年代測定されたマンモス遺体が見つかっている。一般にマンモスは氷河期末に絶滅したと考えられているが、海面上昇で一・二万年前頃にシベリアから隔離されたウランゲリ島で、マンモスは生き延びていたのだ。ここには、最大の捕食者であるヒトのいた証拠がない。人類の狩りを免れて、日本の縄文時代後期の頃まで生き延びたウランゲリ島のマンモスも、やはり体高一・八メートルほどに縮小していた。

このようにフロレシエンシスの一一〇センチしかない低身長は、確かに島嶼化で説明できる。だがそれだけで、脳が身長の比率以上に縮小することは説明可能なのだろうか。

脳は全代謝エネルギーの二〇〜二五％も消費する大変な高コスト器官だから、不都合さえなければ、食資源の貧弱な島でエネルギーを節約するのに脳を縮小させた方が適応的である。それにしてもホモ属にいたっていったん膨張した脳が、進化のトレンドの逆方向に、身長の比率以上に縮むことは考えにくいのではないか。

ただ体のある部分の小型化・大型化は、すべて同一比率で小さくなったり大きくなったりするわけではない。アロメトリー（相対成長）と言って、ある部分だけが全身の小型化以上に縮むこともあるし、縮まないこともある。反対に大型化の場合、ある部分だけが比率以上に大きくなることもあるし、そうでないこともある。脳はホモ属の本質的器官であるだけに、むしろ身体は縮小しても、この大きさは維持されるのが普通だ。実際、アジア、アフリカ、メラネシアの熱帯雨林帯に分布するピグミーは、高温多湿の環境に適応して一・四メートルほどの低身長になっているが、脳はそれほどに小さくなっていない。ディーン・フォークらが研究試料に用いたピグミー個体の脳容量は一二四九ccもあり（一般のピグミーの脳も一〇〇〇ccを超える）、現生人類の平均値一三五〇ccと遜色ない。

†ホビットの小さな脳をカバをモデルに考える

ところがフロレシエンシスは、ピグミーと逆に四〇〇万年前に先祖返りしたかのような異常とも言うべき脳の縮小を起こしていた。それを説明できる原理は、やはり島嶼化しかないだろう。島嶼化で、脳が身体の比率以上に縮小しうることを数量的に示したのが、イギリスの古生物学者エレノア・ウェストンらだ。ウェストンらは、マダガスカル島の二種の絶滅カバの骨をアフリカ大陸のカバと比べ、その結果を〇九年五月七日号の『ネイチャー』で報告した。彼らの報告のポイントは、次の二つの論点にある。

まず、マダガスカルの絶滅カバの体は、島嶼化のせいで祖先のアフリカ大陸のカバより小さくなっているが、脳は従来の理論的比率以上に小さくなっていることを見出した。これまでは体形が縮小すれば脳も縮小するが、感覚を司る重要な器官だけに体形縮小の比率ほどは小さくならないだろうと考えられていた。負のアロメトリーの典型的な例だ。だが調べてみると、マダガスカルの絶滅カバの脳容量は、従来考えられていた理論値以上に縮小し、概ね三〇%も小さくなっていたのだ。脳は代謝的に高コストの器官だから、食物が少なく、また捕食者のいない島という環境では、重要な脳といえども体以上に縮小した方が適応的なのである。

では、フローレス島のフロレシエンシスではどうだったか。これが第二の論点で、まさにカバのモデルどおりだったこと、その結果としてフロレシエンシスの祖先が典型的ホモ・エレクトスであるピテカントロプス（ジャワ原人）ではありえないことも、ウェストンらは併せて示した。

仮にフロレシエンシスの祖先を当初考えられたように、ピテカントロプスだったとしよう。彼らの平均値は、推定体重六〇キロで脳容量は九九一ccである。これが島嶼化でフロレシエンシスの平均推定体重の二三キロ（六二％減）に縮小したとすれば、アロメトリー効果で脳容量は従来観なら七〇四cc程度を維持したはず、という計算になる。しかしウェストンらの新しいモデルを適用すると、島嶼化でさらに三〇％減の四九三ccになる。LB1の四一七ccと一致しない。ここから彼らは、フロレシエンシスが典型的ホモ・エレクトスの子孫とする前提を退ける。

では、より原始的なアフリカ型ホモ・エレクトスであるトゥルカナ湖東岸出土のER3883ならどうか。同個体の脳容量は八〇四ccである。前者と同様の計算をすると、従来観の島嶼化なら五七〇ccだった。新しいカバ・モデルをそれに適用すると、三〇％減なら四〇五ccとなり、フロレシエンシスの実測値とほぼ一致する。同様にやはり初期ホモ属であるドマニシのD3444が祖先だったとすると、推定体重四〇キロ、脳容量六五〇ccなので、同様の新しい島嶼化効果を計算に加えると、子孫かもしれないフロレシエンシスの脳は三七八ccという値が導ける。ドマニシ化石群は特に小さな脳のグループだったが、これを祖先と想定すると、フロレシエンシスの実際の値とほぼ一致することになる。

以上の結果をもってウェストンらは、フロレシエンシスが早期ホモ属の子孫だと直接明言しているわけではない。フロレシエンシスの四一七ccの小さな脳は、島という環境で進化すればマダガスカル島のカバのように説明できると述べているだけだ。しかしこの結果もまた、フロレシエンシスの起源がピテカントロプスでないことを裏づけるのである。

〇四年の『ネイチャー』報告ほかで強調されたホモ・エレクトスとの多数の類似点は、祖先と子孫の関係を示すものではなく、実はいとこ同士の共通点だったのかもしれない。

†不可能な小スンダ列島の西から東への移動

前述したように、フロレシエンシスの首から下には、猿人を思わせるような手首、足長に比べて極めて短い脛骨など、原始的特徴が目立つ。ジャワのピテカントロプスは、頭蓋ばかりで四肢骨は一例も見つかっておらず、そのためピテカントロプスと比較できないのだが、ジャワのホモ・エレクトスはアフリカ型ホモ・エレクトスと年代が近い直近の子孫と見られるし、巨大大陸スンダランドの居住者だったから、アフリカ型の体形から大きな変化が起こったことはないだろう。だからフロレシエンシスの祖先は、ジャワ原人ではなく、もっと古い初期ホモ属だったという考えは合理的なのである。

ジャワ島経由でないとすると、祖先はどのような経路でフローレス島に渡ってきたのか。それを解明する鍵としてモーウッドが重視するのは、海流と地上性哺乳動物の分布だ。

前述したように小スンダ列島の島の間の海流は早く、しかも北から南へと流れている。西から東へという方向は、小舟でも簡単に渡れない。それが原因となって、インドネシアの島々の動物相を東西に分けるウォーレス線とライデッカー線が南北に走っているのだ。

フロレシエンシスの祖先が、仮に一〇〇万年前にフローレス島に漂着したとしても、航海術など全く持ち合わせていない初期ホモ属であれば、それは意図的なものではなく偶然の漂流の結果だったろう。それなら、来た方向は海流の流れてくる北方向からしかないではないか——。だから彼らの祖先の出発地は、スラウェシ島だったかもしれないとモーウッドは考えている。

それを例証するように、地上性哺乳類の種数は、北から南に行くほど少なくなっていることも指摘する。スンダランド、すなわちアジア大陸には地上性哺乳類は二四〇種いるが、これがスラウェシ島では六三種、フローレス島ではたった四種（ステゴドン、ネズミ、ホモ・フロレシエンシスと、完新世以後のホモ・サピエンス）に減ってしまい、サヘルランド（オーストラリアとニューギニア、タスマニアが合体していた氷河時代の大大陸）ではたった一種（ホモ・サピエンス）になるのだという。

ただこの考えの最大の難点は、途中で一例もフロレシエンシスの祖先候補の化石が見つかっていない点だ。あえて候補になりそうなものを挙げるとすれば、ホモ属にしては小さな脳、アフリカ型ホモ・エレクトスよりはるかに小柄な身体をしたホモ・ゲオルギクスである。

そしてもう一つの難点は、アフリカ出発時を一八〇万〜二〇〇万年前として、はたしてこうした原始的人類種がすでにホモ・エレクトスの分布していたアジア大陸を横断し、一〇〇万年前にフローレス島までたどりつけたものだろうか。それとも出アフリカした初期ホモ属は、東南アジアでホモ・エレクトスと分岐し、未知のホモ属別種となってフローレス島に渡ったのか。まさに謎の人類であり、あらためて人類進化パズルの見つけられたピースの少なさを痛感させられるのである。

†ホモ・サピエンスとは共存しなかったロスト・ワールド

最後に、もう一つ興味の尽きない謎を提起しておきたい。ヨーロッパでホモ・サピエンスが先住のネアンデルタール人と遭遇し、一万数千年間は共存していたように、フロレシエンシスはフローレス島でホモ・サピエンスと接触したことがあったのだろうか？

その可能性は乏しそうだ。現時点では、火山灰層を境に人類種は一変し、フロレシエンシスの骨の見つかる下層部に、ホモ・サピエンスの骨は一点も出ていない。今後の調査で見つかる可能性は皆無ではないが、まずなかったと考えた方がよさそうだ。

それは、言うまでもなく渡洋の困難さがあるからである。両者に接触があれば、ネアンデルタール人のシャテルペロニアンのようなホモ・サピエンス的文化要素が見られてもよいが、それもない。

おそらくはフロレシエンシスの天国に、ホモ・サピエンスはバイパスして到来していなかったのではないか。何しろインドネシアには一万七〇〇〇も島があるのだから。だからこそフロレシエンシスは、一万数千年前まで生き延びられたのだろう。もしホモ・サピエンスが侵入してきていれば、狭い島で小型ステゴドンという限られた食資源を奪い合い、知性の優れたホモ・サピエンスとの競争に早々に敗れたのは間違いない。

彼らが最終的に絶滅した時期と原因は、謎である。最後のフロレシエンシスが、火山灰の下にあることが示唆的である。火山噴火によって、食草が失われて獲物のステゴドンが絶滅したためか、それとも噴火の直接のダメージを受けたのか。あるいは古ければ九六〇〇年前頃に姿を現したことが確認されている現生人類との生存競争に敗れたのか。

いずれにしろホモ・フロレシエンシスの絶滅によって、地球のホミニンはただ一種、ホモ・サピエンスだけとなったのである。人類史上、かつてない事態であった。

†シベリアで発見された四万年前の新種人類

フローレス島の原始的フロレシエンシスの生存も驚きだったが、二〇一〇年に入ってはるか北の果てで、新種である可能性の高い別の人類が確認されたことも新たなサプライズだった。これもまた思ってもみなかった所での発見である。この新種人類は、フロレシエンシスと同じように辺境で生き延び、しかし島で隔離されていなかったためにフロレシエンシスよりは早くに絶滅したらしい。

北の果てとは、北緯五一度四〇分のシベリアで、しかも雪線が二〇〇〇メートルという極寒の山地である。ネアンデルタール人は形態で、現生人類は文化で寒冷地に適応したが、そもそも熱帯起源のホミニンに寒冷適応した第三の人類がいたなど、誰が予測できただろうか。

発見場所は、カザフスタンとの国境に近いシベリア南部のアルタイ山脈中である。まさに古人類分布圏の中では、辺境の中の辺境だ。その山中にあるデニーソヴァ洞窟から〇八年に見つかった小指の骨先端部小片が、想定されたホモ・サピエンスともネアンデルタール人とも異なる人類のものだったという報は、意外を超えた驚きである。『ネイチャー』一〇年三月一〇日号のドイツ、マックス・プランク進化人類学研究所のヨハネス・クラウゼらの報告もまた、そうしたものであった。

デニーソヴァ洞窟は以前から上部旧石器と中部旧石器（ネアンデルタール人の作っていたルヴァロワ技法のムステリアン石器）、骨器が見つかっていたことで有名な洞窟で、早ければ一二万五〇〇〇年前頃にはヒトの居住が始まっていた。ロシア科学アカデミー・シベリア支部考古民族学研究所がここを継続的に発掘調査しており、一〇年余り前からここで石器の製作者を探していた。

〇八年、ついに小指の骨など、断片的な骨と歯が何点か発掘された。満を持していた調査チームは自分たちの汗や手垢がつくことによる汚染を防ぐために、ビニール手袋で骨を取り上げ、試料をドイツのライプチヒにあるマックス・プランク進化人類学研究所に送った。もちろん送った方も受け取った方も、それはネアンデルタール人と疑わなかった。前年の〇七年にここから一〇〇キロも離れていないオクラドニコフ洞窟でネアンデルタール人骨がミトコンドリアDNAで確認されていたからだ（二一七頁参照）。さらに指骨片は、四・八万年前から三万年前と年代推定されている第一一層から発掘されていた（以後、簡便にするためにこの指骨の年代を四万年前と括る）。年代的にも石器からも、ネアンデルタール人であって不思議はない。

しかし進化人類学研究所でこの骨片から三〇ミリグラムの骨粉を採取し、そこから完全なミトコンドリアDNAを抽出し、既知のネアンデルタール人の完全なミトコンドリアDNA六検体、早期現生人類であるコスチェンキ（西部ロシア＝約三万年前）の一例、世界中の現代人集団五四例と比較すると、年代の近いネアンデルタール人とも早期現生人類とも合致しなかった。それどころか、ネアンデルタール人とホモ・サピエンスとの塩基配列との違いよりも、デニーソヴァ人と両者との違いは大きく、ホモ・サピエンスの塩基配列はネアンデルタール人のそれとの倍ほども異なっていたのだ。

†四万年前に三種の人類が共存していた

一九九六年にフェルトホーフェルの元祖ネアンデルタール人(ネアンデルタール一号)から初めてミトコンドリアDNAが抽出され(九七年発表)、世界を瞠目させて以来、これまでに二桁に達するネアンデルタール人と早期現生人類のミトコンドリアDNAが抽出され、化石人類の豊かなデータベースが形成されている。しかしそれ以前の人類、例えばホモ・エレクトスやホモ・ハイデルベルゲンシスについては一例も検出に成功していない。年代が古すぎたり、高温多湿だったり埋没土の条件が酸性だったりすると、ミトコンドリアDNAが保存されないからだ。年代がデニーソヴァ指骨よりはるかに若いホモ・フロレシエンシスのLB1でも成功していないことを思い出していただきたい。ジャワの後期ホモ・エレクトスであるソロ人は一〇万年前まで下るものが知られているが、熱帯であるためにミトコンドリアDNAを抽出できる可能性は乏しい(補注　最初に元祖ネアンデルタール人のミトコンドリアDNA抽出に成功したペーボらは、二〇一三年一二月に約三〇万年前のシマ・デ・ロス・ウエソス人骨からミトコンドリアDNAを検出し、デニーソヴァ人と近い関係にあることを示した)。

クラウゼらは、ネアンデルタール人と現代人とのミトコンドリアDNAの違いを、チンパンジーの祖先とホミニンとの分岐を六〇〇万年前と仮定して分岐年代に換算し、ネアンデルタール人と現代人は平均四六万六〇〇〇年前に別れたと算出した。そしてそのどれよりも異なるデニーソヴァ人の祖先は、ネアンデルタール・現生人類両種の共通祖先と、実に一〇四万年も前に分岐していたことを見出したのだ。

これほど遺伝的差異が大きければ、デニーソヴァ人はネアンデルタール人ではないし、ましてやホモ・サピエンスでもないことは明白だ。つまりおよそ四万年前、南のフローレス島ではホモ・フロレシエンシスが生きていた一方、シベリア南部のアルタイ山脈周辺ではネアンデルタール人、ホモ・サピエンスとともに第三の人類種デニーソヴァ人が暮らしていたのだ。

なおクラウゼらは、骨から核DNAの塩基配列も検出し、さらに精度を高めるべく研究中だという(補注 二〇一〇年に同洞窟のさらに下層からネアンデルタール人女性骨も発見された)。

†初めて分子人類学が特定した「種」

では、デニーソヴァ人は何者なのか。今のところ、フロレシエンシス以上に実態不明の謎の人類と言うしかない。そもそも種名すら命名されていないのだ。

それも当然で、生体であろうと化石であろうと、生物を新種と認定し、種名を命名するには、模式標本を定め、それが既存種とどのように異なるのか独自の特徴を記載しなければならない。ところがデニーソヴァ人は、小指の先っぽしかない。種を定める形態的情報がなく模式標本になりえないので、新種らしいと分かっても種名をつけられないのだ。

付言すれば、化石の形態でなく、DNAという遺伝的情報から新しいホミニンが見つかったのは、これが最初である。ちょうど半世紀前、ライナス・ポーリングとエミール・ズッカーカンドルが分子時計の概念を提唱して分子人類学の曙となったが、分子人類学はついに新種を見つけるまでに発展したのだ。誕生しては消えていったおそらく三桁に達しただろう絶滅人類種を探す、今後の有力手段になる展望が開かれたという点で画期的成果である。これまで深く検討もされずにネアンデルタール人やホモ・サピエンスと分類されてしまっている断片骨の中に、デニーソヴァ人のような新種人類が隠れているのではないかという疑いもあり、それをミトコンドリアDNAで探し出すことができるかもしれない。

さて本論に戻り、デニーソヴァ人の正体はという問題となるが、一つ考えられるのは、ネアンデルタール人とホモ・サピエンスの両方の母体となったホモ・ハイデルベルゲンシスの生き残りの可能性である。

すでに述べたように、最初に出アフリカした、おそらく初期アフリカ型ホモ・エレクトスは、二〇〇万年前前後にアフリカを出ただろう。そしてアフリカに残ったホモ・エレクトス集団の中から、一〇四万年前頃に新たな集団が分岐した。それがホモ・ハイデルベルゲンシスなのではなかったか。彼らの一部は、再びアフリカを出た。これがデニーソヴァ人の起源だったに違いない。おそらく間氷期のステージ5(一二・五万〜七・三万年前)の頃に、独自の寒冷適応を経て、シベリアにまで進出したのだろう。

さらにこの六五万年後前後に、在アフリカのハイデルベルゲンシス集団の中からまたしてもアフリカを出た集団がいた。彼らは母胎のハイデルベルゲンシス集団と遺伝的に隔離され、ヨーロッパに土着化して、独自の形態を進化させた。それがネアンデルタール人なのだ。その後も出アフリカの波は続く。二〇万年前頃にアフリカで種分化し、六万年前頃に一気に世界に広がっていった集団が、最終的に地球を支配することになるが、これが現生人類ホモ・サピエンスであった。

彼らは、ヨーロッパで先に出アフリカしていたいとこのネアンデルタール人と出遭い、そしてアルタイ山脈一帯に進出した一団はネアンデルタール人とデニーソヴァ人の双方とも遭遇したに違いない。アルタイ地方で、この三者がどのような相互作用をしたのか、それはまだ深い謎に包まれている。

おわりに

二〇一〇年は、一世紀半を超える古人類学史上でもとりわけ様々な発見のあった年だった。その前年の秋、アルディの全身骨格の分析結果が発表されたのが先駆けとなったが、一〇年前のオロリン、カダッバ、サヘラントロプス以来の、久々の発見・報告ラッシュともなった。

こうした重大な発見・報告は、奇妙にも一時期に集中する傾向があり、だいたい一〇年のサイクルでその波が訪れる。古人類学の調査と分析は地道で長期にわたるので、ある大きな発見があるとそれに刺激され、十分な時の蓄積で報告されるのが一〇年後、ということになるのではないだろうか。すると、次の「黄金の収穫期」は二〇二〇年頃と予感され、それを先導するのは、南アフリカのＳｔｗ５７３の成果発表なのかもしれない。本書は、その意味でちょうどよいタイミングでの刊行である。

本書冒頭にも明記したように、本書では北京原人やジャワ原人、そしてその発見物語についてほとんど触れていない。またネアンデルタールの発見（一八五六年）と一四一年後以降の再発見（一九九七年と二〇〇〇年）にも触れなかった。これらは、在来の類書に必ず出てくるので重複を避けた。ネアンデルタール人の再発見については筆者は別の本（『ホモ・サピエンスの誕生』前掲）でたっぷりと書いているので、ネアンデルタール人と現生人類との関係に関心のお持ちの方は、そちらを参照していただきたい。

紹介はしなかったが、二〇一一年は、デュボワによるトリニールでのピテカントロプス一号発見一二〇周年に当たる(ただしその前年に、ケドンブルブスで下顎骨を発見している)。その発見は、今にして思うと、およそありえないほどの奇跡だった。一八五六年の元祖ネアンデルタール人の発見も、一九〇七年のハイデルベルク人の発見も、さらに本文に述べたダートの探し出したアウストラロピテクスの発見も、研究者でない一般の人による採鉱活動による偶然のものだった。ところがデュボワだけは、目的意識をもって「ミッシング・リンク」の骨を探しに行き、しかも首尾よく掘り当てた希有なラッキーボーイだったのである。

今でこそ、衛星画像、地質と動物化石による年代推定、現地踏査などを基に、どこをどう探せばどのような人類化石が見つかる、と予測はつけられるが、当時はそんな情報はまるでなかった。動物化石が出るとの情報は得ていたが、デュボワはいわば当てずっぽうにジャワ・トリニールの川縁を掘り、それでピテカントロプスを掘り当てたのだ。ジャンボ宝くじの一等を当てる以上の僥倖だったのではないだろうか。

それが証拠に、一八九一年のデュボワの発見以降、科学者による人類化石の地層中からの発見は、一九二七年からロックフェラー財団などの資金援助を得て北京郊外の周口店で始められたカナダ人デイヴィッドソン・ブラックらによる北京原人発見までなかった。その発見にしても、すでに周口店の竜骨山からヒトの歯が出ると知った上での発掘で、しかも初年度はたった一本の歯しか見つけられなかったのだ。真の意味でデュボワの発見に匹敵する偉業は、一九五九年のリーキー夫妻によるオルドゥヴァイでの「ジンジ」の発見までなかったと言えるだろう。

そのリーキー夫妻のオルドゥヴァイでの成功が、今日の東アフリカの化石発見ラッシュの糸口となり、まだ多くは欠けているが今日の人類進化の大まかなパズルを組み上げられる端緒となったことを思えば、現代古人類学の今日の黄金期にはリーキー夫妻の貢献が大きい。

実際、リーキー夫妻により扉が開かれた東アフリカの古人類学研究は、同僚だったクラーク・ハウエルを経て、その弟子のドナルド・ジョハンソン、ティム・ホワイト、そして二人の弟弟子に当たる本書にも登場する日本の諏訪元氏に受け継がれている。その伝統の継承は、彼らの調査チームに世界中の研究者が参加することによりグローバルな広がりを見せ、また東アフリカの地元研究者をアメリカの大学と野外で育てるという形で、アフリカ内部にも根づきだしている。

その発展の中でも、人類進化の跡をたどるストーリーは、今後の発見でまた大修正を強いられる可能性は強い。次に波が来るであろう二〇二〇年には、本書はひょっとすると時代後れになっているかもしれない。それを予感させたのは、ホモ・フロレシエンシスという「想像を絶する」ホミニンの発見であった。それほど現在の発見・発掘はドラスチックなのである。

本書の原稿を編集部に渡した段階で、エチオピアのディキカでおそらくアファール猿人によると見られる「石器」使用の報告があった。ただ、三三九万年前という年代だけが突出し、しかも石器使用と断定するには材料不足である。したがって本書では、ガルヒの例と比べてずっと地味な扱いに抑えた。本文でも述べたように、ただの石ころの使用と石器を製作しての使用とには、本質において大きな乖離がある。ディキカの発見が事実としても、あらゆる傍証から見て西アフリカ、ボッソウ村のチンパンジーによる石の道具の使用との質的違いは認めにくい。アファール猿人が石器製作・使用したと考えるには、まだ多くの証拠が必要であろう。

地質条件の悪さと極東という地勢学的悪条件のため日本では古人骨はほとんど出ず、人類進化研究はあまり盛んではない。日本の研究者は、海外に出て、現地の研究者を含めた海外調査隊に加わって古人骨探査を行っている。こうした調査研究に、日本政府の支援は十分ではないけれども、それでもかなり健闘している。過去にイスラエルのアムッド洞窟、シリアのデデリエ洞窟でネアンデルタール人骨を発見しているし、ジャワでは、国立科学博物館のチームが長い間、地元研究者と協力して発掘し、デュボワの発見以来ほぼ一世紀ぶりにピテカントロプスの歯を発見した。ピテカントロプスの年代的枠組みを作り上げるなどもしている。現在は、ホモ・フロレシエンシスの国際的研究にも重要な一員として加わっている。

第一章冒頭に述べたアルディピテクス・ラミダスは、そうしたささやかな日本人の寄与の一例であるが、得た成果は世界的だ。ラミダス化石を初めて発見し、またアルディでも研究チームの重要メンバーとして研究に加わり、『サイエンス』にも論文寄稿した諏訪元氏は、日本の誇るべき最先端研究者の一人である。諏訪氏は、アルディも含めた長年の東アフリカでの研究成果で、二〇一〇年度の朝日賞を受賞している。個人的には筆者は、諏訪氏がバークリーのクラーク・ハウエル教授の大学院生だった時、人類学の勉強もまだ浅い身ながらハウエル教授のインタビューに通訳（どころか、それ以上の解説者を務めていただいた）をお願いして以来、折にふれてご教示をいただいている関係なので、朝日賞受賞はまことに喜ばしいものだった。

もちろん本書を書くに当たっては、それ以外の内外の多数の研究者にお世話になっている。国立科学博物館前人類研究部長の馬場悠男氏と同館研究主幹の海部陽介氏にはいつも教えを受けている。また同僚の朝日新聞社記者・編集者の内村直之氏には本書で引用した文献の多くを利用させていただいた。

最後になったが、本書を上梓するにあたり、ちくま新書編集部の松田健さんには大いにお世話になった。松田さんとは、以前に翻訳書を出した新書館以来のつきあいである。このたび、人類進化の全体像を描くという大仕事をする機会を与えていただいたことに深く感謝する。

索引

A–Z

ア行

カ行

サ行

タ行

ナ行

ハ行

マ行

ヤ行

ラ行

ワ行

ちくま新書
879

ヒトの進化《しんか》 七〇〇万年史《まんねんし》

二〇一〇年一二月一〇日 第一刷発行
二〇一五年 四 月 五 日 第二刷発行

著者 河合信和（かわい・のぶかず）

発行者 熊沢敏之
発行所 株式会社 筑摩書房
東京都台東区蔵前二-五-三 郵便番号一一一-八七五五
振替〇〇一六〇-八-四一二三
装幀者 間村俊一
印刷・製本 株式会社 精興社

乱丁・落丁本の場合は、左記宛にご送付下さい。
送料小社負担でお取り替えいたします。
ご注文・お問い合わせも左記へお願いいたします。
〒三三一-八五〇七 さいたま市北区櫛引町二-六〇四
筑摩書房サービスセンター 電話〇四八-六五一-〇〇五三

ISBN978-4-480-06584-1 C0245